KB025563

스포츠 속에 과학이 쏙쏙!!

손영운 · 김은선 선생님의 스포츠로 공부하는 과학 교과서
스포츠 속에 과학이 쏙쏙!!
손영운 · 김은선
뽀그르르...
텀벙 텀벙
이치
ichi

이 책을 선택한 친구들에게

안녕하세요? 저희는 이 책을 깁고 쓴 손영운, 김은선입니다. 한 사람은 이전에 과학을 가르친 경험으로 글을 쓰고 있는 과학 전문 작가이고, 한 명은 중학교에서 여러분에게 과학을 가르치고 있지요.

여러분은 이 책을 어떻게 알게 되었나요? 부모님? 아니면 선생님, 혹은 친구?

누구인지는 몰라도 아마 여러분을 무척이나 잘 알고 있는 사람이 소개해주었을 거예요. 여러분은 지금 한창 건강하고, 씩씩하고, 세상 모든 것들에 넘치는 호기심을 가질 나이거든요.

여러분은 스포츠를 무척 좋아하죠? 무엇보다 멋지고, 재미있고, 그리고 스릴 넘치는 생동감이 스포츠에 가득하니까요.

그런데 과학에 대해서는 어때요? 어려운가요? 재미없나요? 혹시 시시한가요? 하지만 여러분이 생각하는 따분하고 지루하기만 한 과학이 바로 스포츠의 생명이랍니다.

여러분이 자주 접하는 농구나 축구는 물론이고, 수영과 달리기, 골프와 스키에 이르기까지 모든 종목의 스포츠는 과학 없이는 존재할 수가 없어요. 스피드 종목의 짜릿한 속도감을 위해서도 고도의 과학이론이 뒷받침되고요. 큰 공이나 작은 공을 가지고 하는 모든 구기 종목에서도 정밀한 과학기술이 승리를 만들어줍니다.

어디 그뿐인가요? 과학은 선수들이 입는 경기복 속에서도 찾을 수 있습니다.

한마디로 과학은 스포츠 속에서 꿈틀꿈틀 살아 움직이는 애벌레와도 같아요. 이 애벌레가 나중에 예쁜 나비로 태어나듯이, 훌륭한 과학적 이론이 뒷받침된 경기는 선수들에게 놀라운 승리를 가져다 주고, 우리에게는 최고의 재미와 기쁨을 선사하거든요.

어때요, 호기심이 생기나요?

그래서 저희는 이 책의 구석구석에 여러분의 호기심을 풀어주려고 많은 것들을 채워 놓았답니다. 재미있고, 신기하고, 놀라운 과학이야기들이 곳곳에서 여러분을 반겨줄 거예요. 또 눈을 크게 뜨고 보면, 여러분이 너무나 좋아하는 유명한 스포츠맨들이 어떻게 경기에서 승리했는지도 찾을 수 있어요.

이 책을 손에 들고 있는 지금, 가슴이 뛰지 않나요? 첫 장을 읽고, 벌써 훌륭한 스포츠 선수가 되기로 했다고요? 그럼 어서 이 책을 읽으세요. 그러면 여러분은 멋진 스포츠맨이 되는 동시에 뛰어난 과학자도 될 수 있을 거예요.

스포츠는 좋아하지만 과학은 싫어했던 여러분, 자 그럼 신나는 과학의 세계로 빠져 봅시다!

2005년 겨울

손영운 · 김은선 씀

CONTENTS

육상 경기 속에 숨어 있는 과학

1. 출발 속력을 높여라 · 13
작용과 반작용의 원리

2. 가장 빨리 달린 선수는 누구일까? · 17
평균 속력과 순간 속력 구별하기

3. 바람 때문에 허탕이 된 세계 신기록 · 22
속력과 속도는 어떻게 다를까?

4. 마라톤 선수들의 덩치가 작은 까닭은? · 25
속근섬유와 지근섬유가 체형을 바꾼다

5.다이어트는 에어로빅으로! · 29
마라토너들은 유산소 운동, 단거리 선수들은 무산소 운동

6. 가벼운 근육통엔 파스를 붙여주세요! · 33
근육통의 원인은 근섬유의 파열

7. 높이뛰기와 가수 조성모 · 35
무게 중심의 위치가 높은 서양인들

8. 더 높이 날아볼까! · 39
장대높이뛰기에서의 탄성력

9. 공중을 나는 사나이들 I · 43
멀리뛰기

10. 공중을 나는 사나이들 II · 48
멀리뛰기와 기압

11. 팔매질한 돌이 날아가는 방향은? · 52
해머던지기와 원심력

12. 선수들의 체격이 가장 큰 올림픽 종목은? · 57
투포환 던지기

13. 육상 던지기 종목 중 가장 멀리 날아가는 것은? · 62
창던지기와 포물선 운동

14. 선수들의 건강 · 66
호르몬과 도핑테스트

15. 2% 부족할 때 · 69
땀과 기화열

16. 맨발의 아베베와 황금 신발의 이봉주 · 72
운동화 속에 숨은 과학

구기 종목 속에 숨어 있는 과학

1. 투수들의 무덤, 쿠어스 필드 · 79
날씨와 기압

2. 야구 선수들이 눈 밑에 검정 테이프를 붙이는 까닭은? · 82
빛의 성질

3. 공포의 외인구단 · 86
충격량과 운동량

4. 방망이도 부러뜨리는 공을 덜 아프게 받으려면 · 90
충격량은 힘과 시간의 곱이다

5. 슈퍼스타 감사용 · 93
왼손잡이 투수가 유리한 이유

6. 강속구를 던져라! · 96
야구공의 속도를 측정하는 스피드건

7. 변화구를 던져라! · 99
마그누스 효과

8. 육각형과 오각형의 절묘한 조화 · 105
축구공의 과학

9. 경기 전에 선수들은 뭘 먹을까? · **109**
우리 몸에 필요한 영양소

10. 골프공에 걸린 역회전의 비밀 · **112**
베르누이 정리

11. 골프공이 곰보인 까닭은? · **118**
딤플의 양력

12. 오렌지색에 숨어 있는 과학 · **121**
농구공

13. 숏을 던져라 · **123**
자유 낙하 운동(중력가속도 운동)

14. 점 프 · **127**
중력의 법칙

15. 코리아의 영원한 1등, 양궁 · **129**
중력과 포물선 운동

16. 라켓의 과학 · **139**
테니스 라켓과 장력

수영 속에 숨어 있는 과학

1. 사람의 몸은 물에 뜬다 · **145**
밀도와 부력

2. 타잔, 당신은 최고의 수영 선수 · **148**
항 력

3. 천 분의 일 초를 위하여! · **152**
자연을 모방한 첨단 수영복

4. 물속에서 춤을 · **155**
싱크로나이즈드 스위밍과 음파

5. 1초의 공중 곡예, 다이빙 · 160
관성 모멘트와 토크

동계 스포츠 속에 숨어 있는 과학

1. 미끄러짐이 의미하는 것 · 169
관성과 마찰력

2. 스케이트 선수들이 쫄쫄이 바지를 입는 까닭은? · 174
공기가 만드는 저항과 마찰

3. 전자 심판 전성시대 · 176
판정 속의 첨단 과학

4. 스키를 타고 하늘을 날다 · 180
양 력

5. 얼음판 위에서 돌 굴리기 · 184
컬링에 사용되는 화강암

■ 참고도서 · 191

■ 찾아보기 · 192

1장

유상 경기 속에 숨어 있는 과학

중학교 1 물질의 세 가지 상태
상태 변화와 에너지
힘
중학교 2 여러 가지 운동
혼합물의 분리

1

출발 속력을 높여라

작용과 반작용의 원리

단거리 육상 경기에서는 출발 속력이 승부의 초점이 됩니다. 이는 선수들이 출발점에서 코를 박듯이 엎드려 심판의 총소리를 기다리고 있는 자세를 보면 잘 알 수 있지요. 선수들이 이렇게 하는 이유는 단거리에서는 최대한 빨리 최고 속력에 도달하여 경주를 마칠 때까지 그 속력을 유지하는 것이 승부의 모든 것을 좌우하기 때문입니다.

1896년 제1회 올림픽 100m 결승전 사진. 한 선수만 제대로 된 크라우칭 스타트 자세를 보이고 있다.

아래 그림처럼 출발하는 것을 육상 용어로 '크라우칭 스타트'라고 하는데, 1888년 미국의 셰릴이라는 선수가 처음 소개했습니다. 그리고 1929년부터는 크라우칭 스타트에서

단거리 달리기의 출발은 주로 크라우칭 스타트(crouching start) 방법을 이용하는데, '제자리에 → 차려 → 출발'의 3단계로 이루어진다.

출발 속력을 더 높이기 위해 **스타팅 블록**이라는 기구를 사용하였는데, 이 기구를 사용한 미국의 심프슨은 세계 신기록을 세울 수 있었지요.

그렇다면 단거리 육상 경기에서 선수들이 스타팅 블록을 사용하고, 또 불편하게 보이는 크라우칭 스타트 자세로 출발하는 까닭은 무엇일까요?

여기에는 중요한 과학의 원리가 숨겨져 있습니다. 그것은 **뉴턴**이 발견한 '작용과 반작용의 법칙' 입니다.

달리는 것은 작용과 반작용의 법칙이 가장 확실하게 적용되는 경우입니다. 발을 뒤로 힘차게 밀어줄수록 앞으로 빠른 속도로 뛰어나갈 수 있거든요. 그런데 그냥 선 자세에서는 아무리 발을 세게 뒤로 밀어내어도 밀어내는 힘의 일부가 연직 방향으로 향하기 때문에 힘의 효율이 낮아지지요. 또한 뒤로 미끄러져 오히려 힘의 손실을 가져오는 경우도 있습니다. 이것은 서서 출발한 1896년 올림픽 남자 100m 기록이 12초에 불과했다는 사실에서 잘 알 수 있습니다.

그러면 작용과 반작용의 법칙이 무엇인지 좀더 자세히 알아볼까요? '작용 반작용의 법칙'이란 모든 힘은 항상 쌍

스타팅블록 starting block
처음 사용한 사람은 1929년 미국의 오하이오 주립대학의 조지 심프슨이었다. 육상 선수였던 심프슨은 코치인 딘 크롬웰이 만든 나무로 된 스타팅블록을 사용해 100야드 세계 신기록 9초 4를 세웠다. 이후 스타팅블록은 개량되어 철제 스타팅블록이 보급되었으며, 발전에 발전을 거듭하여 2004년 아테네 올림픽에서는 '부정출발 탐지기'가 설치된 스타팅블록이 사용되었다. 부정출발 탐지기가 설치된 스타팅블록은 총소리가 나기 전에 선수의 발이 떨어지면 압력이 감지돼 부정출발을 자동적으로 표시해주었다.

뉴턴 Isaac Newton
1642~1727
영국의 과학자. 수학의 미적분법과 물리학의 만유인력의 법칙을 발견하였다. 뉴턴의 이름을 따서 힘의 단위를 N(뉴턴)으로 사용하고 있다.

으로 작용한다는 것입니다. 쌍으로 작용하는 힘은, 크기는 같고 방향은 반대이지요. 예를 들어 보트를 타고 노를 이용해서 물을 밀어내면 어떻게 되나요? 보트는 앞으로 갑니다. 그 이유는 노가 물을 밀어낸 힘만큼 물도 노를 밀어내기 때문이지요. 이때 노가 물을 밀어낸 것을 '작용'이라고 하고, 물이 노를 밀어낸 것을 '반작용'이라고 할 수 있어요. 그러므로 보트는 작용과 반작용의 법칙에 따라 움직이는 것이죠.

연료를 통해 추진력을 얻는 로켓

다른 예로, 오징어는 꼬리지느러미도 없는데 어떻게 헤엄을 칠까요? 오징어는 로켓이 뒤쪽으로 기체를 분출하는 것처럼 물을 뒤쪽으로 배출하고, 그 반작용으로 앞으로 나아갈 수 있는 것이지요.

바람을 가득 채운 풍선의 입구를 손으로 잡고 있다가 놓으면 어떻게 될까요? 풍선의 바람이 빠지면서 바람의 방향과는 반대 방향으로 풍선이 날아갑니다. 이때 풍선에서 뒤로 뿜어져 나오는 공기의 힘이 작용이라면, 그 반작용으로 풍선은 앞으로 이동하는 것이지요. 또한 우주를 향해 힘차게 날아가는 로켓도 이 원리를 이용합니다. 로켓은 우주에서도 날아갈 수 있도록 산소와 연료를 함께 싣고 있습니다. 그리고 엔진에서 연료를 태워 생긴 기체를 로켓의 뒤쪽으로 배출하지요. 밖으로 배출하는 기체의 양이 많을수록 로켓은 더 많은 추진력을 얻어 앞으로 나아갈 수 있는 것입니다.

'작용과 반작용의 법칙'을 가장 확실히 알 수 있는 방법은 주먹으로 벽돌을 쳐 보는 것입니다. 벽돌을 치면 벽돌이 내 손을 쳐 손이 아프게 됩니다. 벽돌을 세게 칠수록 내 손도 또한 많이 아프게 되지요. 이것도 작용과 반작용의 결과입니다.

우리가 땅 위를 걷는 것도 위와 같은 작용 반작용의 법칙

이 작용한 것입니다. 발이 지표면을 뒤쪽으로 밀 때(작용), 지표면도 우리를 반대로 밀어내기(반작용) 때문에 앞으로 움직이는 것이지요.

어떤 사람이 보트를 타고 선착장에 도착한 후, 선착장으로 뛰어내린다고 할 때, 그 사람은 선착장에 무사히 내릴 수 있을까요? 만약에 보트가 선착장 변에 고정되어 있지 않다면 그 사람은 무사히 선착장에 내릴 수 없을 거예요. 왜냐하면 뛰어 내리려는 순간 보트가 뒤로 밀리기 때문이죠. 그러면 그 사람은 그냥 풍덩 물에 빠지겠지요.

마찬가지예요. 땅이 물처럼 움직인다면 우리는 앞으로 나아갈 수 없어요. 왜냐하면 아무리 힘을 주어 앞으로 가려고 해도, 땅이 뒤로 밀려 반작용을 주지 않기 때문에 우리는 앞으로 갈 수 없기 때문입니다. 이러한 이유 때문에 육상 경기에서 스타팅블록을 사용하게 되는 것이지요. 즉, 출발할 때 스타팅블록에 발을 딛고 출발하면 뒤로 밀리는 일이 없기 때문입니다. 따라서 반작용을 훨씬 잘 받을 수 있지요.

이제 왜 단거리 육상 경기에서 스타팅블록을 사용하고, 크라우칭 스타트 자세로 출발하는지 좀 알겠지요? 모두 작용과 반작용의 원리를 최대한 활용하여 출발 속력을 높이기 위해서랍니다.

2

가장 빨리 달린 선수는 누구일까?

평균 속력과 순간 속력 구별하기

지구에 사는 동물 중에서 가장 빨리 달리는 동물은 치타인데, 치타는 100m를 약 3.2초 만에 달린다고 해요. 그리고 톰슨가젤은 3.7초, 얼룩말은 5.6초 만에 달려요. 반대로 가장 느리게 움직이는 동물은 달팽이입니다. 달팽이는 100m를 이동하는 데 43,500초(약 12시간)가 걸리죠.

사람 중에서 가장 빨리 달리는 사람은 누구일까요? 기록은 계속 달라지므로 1996년 애틀랜타 올림픽 경기를 기준으로 알아보았어요.

미국의 애틀랜타에서 열린 올림픽 100m 경주에서 캐나다의 도노반 베일리Donovan Bailey가 1위로 들어왔는데, 공식 기록은 9초 84였습니다. 그리고 200m에서 우승한 미국의 마이클 존슨Michael Johnson의 기록은 19초 32였어요. 따라서 1996년까지는 이 두 사람이 가장 빠른 사람이었어요.

두 선수 중에 누가 더 빠를까요? 두 선수가 달린 거리가 다르기 때문에 단번에 빠르기를 비교할 수는 없습니다. 왜냐하면 빠르기를 비교할 때에는 같은 시간에 달린 거리, 혹은 같은 거리를 달린 시간을 비교해야 하기 때문이지요. 그러면 어떻게 둘을 비교할 수 있을까요?

역대 올림픽 남자 100m 신기록은?

1896년 1회 아테네올림픽
Thomas Burke(미국) : 12.0초
1900년 2회 파리 올림픽
Frank Jarvis(미국) : 11.0초
1924년 8회 파리 올림픽
Harold Abrahams(영국) : 10.6초
1932년 10회 로스앤젤레스 올림픽
Eddie Tolan(미국) : 10.3초
1964년 18회 동경 올림픽
Bob Hayes(미국) : 10.0초
1968년 19회 멕시코시티 올림픽
Jim Hines(미국) : 9.9초
1988년 24회 서울 올림픽
Carl Lewis(미국) : 9.92초
1996년 26회 애틀랜타 올림픽
Donovan Bailey(캐나다) : 9.84초

100m를 3.2초 만에 달리는 치타

도노반 베일리

마이클 존슨

물체의 운동을 다루는 물리학에서는 걸린 시간과 이동 거리가 다를 때에는 단위 시간당 이동한 거리를 비교한답니다. 즉, 1초 혹은 1시간에 몇 m, 몇 km를 이동했는지를 두고 비교하는데, 이를 속력이라고 하지요. 그러므로 속력을 비교하면 누가 빠른지 정확하게 구별할 수 있답니다. 이제 두 선수 중 누가 더 빠른지 속력을 구해서 비교해 볼까요? 속력이란 앞에서도 말했지만 단위 시간당 이동한 거리를 말하는데, 식으로 나타내면 다음과 같습니다.

$$\text{속력} = \frac{\text{이동거리}}{\text{이동하는 데 걸린 시간}}$$

이 식을 가지고, 두 선수의 속력을 계산하면,

- 도노반 베일리의 속력 $= \dfrac{100\text{m}}{9\text{초 } 84} \fallingdotseq 10.16\text{m}/\text{초}$

- 마이클 존슨의 속력$= \dfrac{200\text{m}}{19\text{초 } 32} \fallingdotseq 10.35\text{m}/\text{초}$

계산의 결과, 도노반 베일리의 속력은 10.16m/초이고, 마이클 존슨의 속력은 10.35m/초입니다.

이 결과를 통해 보면, 200m를 뛴 마이클 존슨이 100m를 뛴 도노반 베일리보다 속력이 0.19m/초 더 빠르다는 것을 알 수 있어요.

이상하지요? 상식적으로 생각해보더라도 짧은 거리인 100m를 달릴 때 속력이 더 빠르게 나올 것 같지 않나요? 그리고 신문이나 TV에서도 100m 경주의 우승자를 세상에서 가장 빠른 사람으로 소개하고 있는데 말이지요.

하지만 그것은 과학을 잘 몰라서 하는 소리입니다. 왜냐하면 사람은 출발과 함께 자신이 낼 수 있는 최대의 속력에 다다르지 못하기 때문입니다.

일반적으로 사람이 정지 상태에서 출발하여 최대 속력까지 도달하는 데에는 약 2초의 시간이 걸린다고 해요. 따라서 일정 구간을 달리는 데 시간이 가장 적게 걸리려면, 출발 후 최대의 순간 속력을 가장 빠른 시간에 도달하여 최대의 속도를 유지한 채 남은 구간을 달리는 것이 좋습니다.

100m 경주와 200m 경주에서 속도를 높이는 데 필요한 2초까지의 시간을 제외하면, 200m 종목이 최대 속력으로 더 오래 달릴 수 있지요. 따라서 평균 속력이 더 빠른 종목은 200m가 됩니다.

그런데 이 글을 읽는 사람들은 속력이면 속력이지, 순간 속력, 평균 속력, 최대 속력과 같이 속력에도 여러 가지가 있다는 사실에 고개를 갸우뚱할 거예요.

다음 쪽의 그래프를 보세요. 그래프에서 가로축은 시간을 나타내고, 세로축은 이동 거리를 나타냅니다. 또 그래프에서 굵은 선은 속력을 의미한답니다.

이 그래프를 보고 평균 속력과 순간 속력의 차이를 살펴

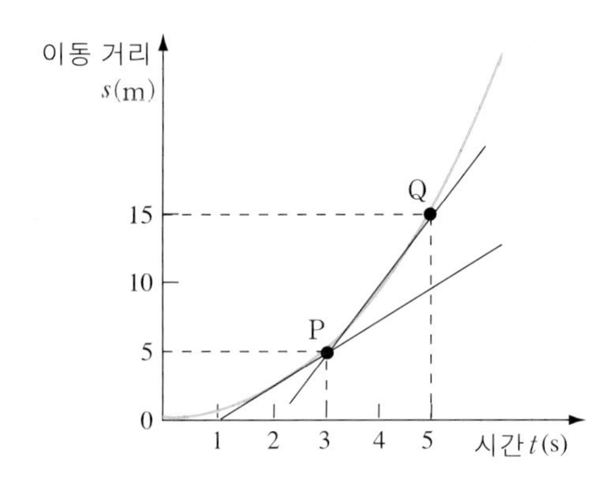

볼까 해요. 그래프에 P와 Q의 두 점이 보이죠? 물체가 P점에서 출발하여 Q점을 지나가고 있어요.

평균 속력과 순간 속력을 각각 구해볼까요? 먼저, 평균 속력은 이동한 거리를 걸린 시간으로 나눈 값이에요. P점에서 Q점까지의 이동 거리는 세로축에서 보면 15m－5m＝10m이고, 걸린 시간은 5초－3초＝2초입니다. 따라서 평균 속력은 '10m/2초＝5m/초'가 되는 거죠.

이번에는 순간 속력은 구해볼까요? 순간 속력이란 어떤 물체가 특정한 시각을 지나는 그 순간의 속력을 말하고, 위 그래프에서는 그 점을 지나는 직선의 기울기에 해당해요.

P점의 순간 속력을 구해봅시다. 순간 속력은 그래프에서 주어진 시각의 기울기에 해당하는 값이라고 했으니까, 기울기를 구하면 되겠죠?

P점에 표시된 직선의 기울기는 세로축에서 증가한 양, 즉 '5m － 0m＝5m'을 가로축이 증가한 양, 즉 '3초－1초＝2초'로 나눈 값이에요. 따라서 순간 속력은 '5m ÷ 2초＝2.5 m/초'가 되는 거죠.

이 그래프에서 평균 속력은 5m/초이고, 어떤 한 지점의 순간 속력은 2.5m/초였으니까, 확실히 평균 속력과 순간 속력은 다른 값이라는 것을 알겠지요? 과학에서는 평균 속력과 순간 속력을 엄격하게 구분하여 사용하고 있으므로 그 차이를 잘 알아두어야 해요.

정리해봅시다. 앞에서 도노반 베일리의 속력은 10.16m/초이고, 마이클 존슨의 속력은 10.35m/초라고 했을 때, 이들 속력은 **평균 속력**을 말해요. 그리고 출발한 지 약 2초가 지난 후에 도달하는 최대 속력은 **순간 속력**을 말하지요. 따라서 당시에는 마이클 존슨이 이 세상에서 가장 빨리 달리는 사람이 확실해요.

마이클 존슨이 그렇게 빨리 달리는 데에는 여러 가지 이유가 있었어요. 그것은 마이클 존슨이 달리는 모습을 보면 잘 알 수 있답니다.

마이클 존슨은 출발선에서 몸을 아래로 기울인 크라우칭 스타트 자세로 잔뜩 웅크렸어요. 그가 이렇게 하는 것은 출발할 때 몸에 부딪히는 공기의 저항을 적게 받기 위해서이고, 또한 순간적으로 다리를 폈을 때 얻을 수 있는 추진력을 크게 얻기 위해서였어요. 마이클 존슨은 가장 먼저 최대 속력에 도달했고, 최대 속력을 끝까지 지켜 결승점에 도달할 수 있었던 것이랍니다.

이를 볼 때, 마이클 존슨이 세계에서 가장 빠른 사람이 될 수 있었던 것은 그 훈련 과정이 아주 과학적이었기 때문일 거예요. 따라서 과학을 모르고서는 훌륭한 코치도, 선수도 탄생할 수 없었던 것이죠.

3

바람 때문에 허탕이 된 세계 신기록

속력과 속도는 어떻게 다를까?

1998년 모리스 그린Maurice Greene은 세계 신기록과 타이 기록을 이루며 9초 84로 100m를 주파하였습니다. 하지만 이 기록은 인정받지 못했습니다. 왜냐하면 뒷바람이 초속 3.3m로 불었기 때문이었지요.

0.01초와 0.01m를 다투는 100m나 200m 달리기, 멀리뛰기 등의 종목은 뒷바람에 민감한 영향을 받습니다. 원래의 속도에 바람이 밀어주는 영향이 크기 때문입니다. 뒷바람이 2m/s일 때 남자는 0.1초, 여자는 0.12초 정도 빨라지는 효과가 있다는 연구 결과에 따라, 이 종목들에서는 뒷바람의 속도를 2m/s로 제한하고 있습니다.

m/s
1초에 1m를 움직임을 뜻하는 속력 또는 속도의 단위이다. 여기서 m은 거리의 단위인 meter의 약자이고, s는 초를 뜻하는 second의 약자이다.

그러나 과거보다 측정 단위가 0.01초까지 세밀해진 지금은 뒷바람의 속도 한계를 2m/s로 규정한 것에 대해 다시 논란이 일고 있습니다. 팀 몽고메리가 남자 100m 달리기 최고 기록을 세울 때(9초 78)는 뒷바람의 속도가 2m/s였고, 모리스 그린이 2위의 기록을 세울 때는(9초 79) 뒷바람의 속도가 0.1m/초에 불과했습니다. 따라서 조건이 같았다면 0.06초 차이의 세계 1, 2위 기록은 어쩌면 뒤집힐 수도 있었기 때문입니다.

본문을 자세히 읽은 사람들은 지금까지는 '속력'이라고 표현하던 내용을 속도라는 단어로 바꾸어 사용하고 있음을 눈치 챘을 것입니다. '속력'과 '속도'는 같은 말일까요, 아닐까요?

빠르기를 나타낼 때 흔히 속력과 속도라는 용어를 함께 사용합니다. 하지만 엄밀하게 따지자면 속력과 속도는 다른 개념입니다. 과학에서는 속력보다는 속도를 많이 사용합니다.

속력은 이동 거리를 걸린 시간으로 나누어 계산합니다. 이때, 어느 방향으로 움직였는지는 생각하지 않습니다. 앞으로 가든 뒤로 가든 상관없이, 그냥 이동 거리를 걸린 시간으로 나누어 계산합니다.

반면에 속도는 이동한 방향까지도 고려해서 계산합니다. 자동차가 움직일 때 앞으로 이동할 때와 뒤로 움직일 때에 속도 값은 달라집니다. 자동차가 같은 거리 100m를 같은 시간 10초 동안에 이동하였더라도 앞으로 이동할 때의 속도를 10m/s라고 한다면, 뒤로 이동할 때의 속도는 −10m/s가 됩니다. 이렇게 속도에는 (−) 값이 존재합니다. 여기서 (−)의 의미는 방향이 반대라는 것을 뜻하지요.

예를 들어볼까요? 자동차를 타고 대전에서 출발하여 부산으로 100km/h로 가는 것과 대전에서 서울을 100km/h로 가는 것을 두고 생각하면, 속력은 100km/h로 같습니다. 그러나 속도는 다릅니다. 대전을 두고 볼 때, 서울과 부산은 반대 방향이기 때문이지요. 서울로 갈 때의 속도를 100km/h로 한다면, 부산으로 갈 때의 속도는 −100km/h가 됩니다. 반대로 부산으로 갈 때의 속도를 100km/h로 한다면 서울로 갈 때의 속도는 −100km/h가 됩니다.

또한 속도는 더하거나 뺄 수 있습니다. 움직이는 그네를

km/h

1시간에 1km를 움직임을 뜻하는 말로, 속력 또는 속도의 단위이다. 여기서 km은 거리의 단위인 kilometer의 약자이고, h는 시간을 뜻하는 hour의 약자이다. 따라서 100km/h는 1시간에 100km를 달린다는 뜻이다.

뒤에서 밀어주면 더 높이 올라갈 수 있는 것처럼, 움직이는 물체와 같은 방향으로 힘을 주면 속도가 빨라집니다. 또한 움직이는 물체와 반대 방향으로 힘을 주면 속도는 느려지지요.

마찬가지로 뒤에서 앞으로 부는 바람은 달리는 선수에게 같은 방향으로 힘을 실어줍니다. 따라서 10m/s의 속도로 달리는 선수에게 뒷바람이 2m/s의 속도로 분다면 속도가 더해지는 효과를 가져 와 선수는 '10m/s＋2m/s＝12m/s' 속도로 달리게 됩니다.

반대로 선수가 달리는 방향과 반대 방향의 바람, 즉 앞에서 뒤로 부는 맞바람이 불 때에는 속도가 줄어들게 됩니다. 10m/s 속도로 달리는 선수에게 2m/s의 맞바람이 분다면 선수의 속도는 '10m/s－2m/s＝8m/s'가 되는 거지요.

이렇게 된다면 같은 선수가 같은 속도로 달리더라도 바람의 방향에 따라 무려 4m/s의 속도 차이가 나고, 이것은 1초에 4m의 차이를 뜻합니다.

그러므로 모리스 그린이 세운 세계 신기록은 인정받을 수 없는 것이 당연한 일이 되는 거지요. 왜냐하면 당시 뒷바람의 속도는 3.3m/s로 충분히 선수의 기록에 영향을 미칠 수 있었기 때문입니다.

4

마라톤 선수들의 덩치가 작은 까닭은?

속근섬유와 지근섬유가 체형을 바꾼다

'인간 탄환' 이라 불리는 미국의 100m 달리기 선수 모리스 그린은 175cm의 키에 몸무게가 79kg인 단단한 근육질 체격을 가지고 있습니다. 뿐만 아니라 올림픽 금메달 4관왕의 칼 루이스 선수의 몸도 그러합니다.

반면에 우리나라의 마라토너 이봉주 선수는 167cm에 56kg으로 체격이 왜소합니다. 올림픽 금메달의 영웅 황영조 선수도 비슷하지요. 이것은 우리나라만 그런 것이 아니라 세계적인 현상입니다. 사실 마라토너 중에는 울퉁불퉁한 근육질의 선수는 별로 없습니다.

왜 모리스 그린과 같은 단거리 달리기 선수와 이봉주와 같은 장거리 달리기 선수들 사이에는 체격 차이가 있는 걸까요?

사람의 몸에는 600종류 이상의 근육이 있는데, 이들 근육은 근섬유라고 불리는 근육 세포들로 이루어져 있습니다. 수백, 수십만 개에 이르는 근섬유들이 모여서 하나의 근육을 이루고 있는 것입니다.

모리스 그린과 이봉주 선수의 체격 비교

머리카락과 비슷한 굵기의 근섬유를 현미경으로 관찰해 보면 줄무늬 구조를 이루고 있는데, 미오신myosin과 액틴actin이라는 두 종류의 단백질 복합체가 교대로 연결되어 있습니다. 근섬유에 자극이 가해지면 각 단백질 복합체가 서로 다른 단백질 사이로 미끄러져 들어가 결합이 되면서 근섬유의 길이가 짧아집니다. 하나의 운동 단위 안에 있는 근섬유들은 한꺼번에 수축하게 되므로 근섬유들의 집합체인 근육도 수축하게 됩니다. 이러한 근육 수축과 이완이 반복되면서 우리는 달릴 수 있지요. 이런 결합이 형성되려면 ATP(아데노신3인산)라고 부르는 에너지가 필요합니다.

ATP, adenosine triphosphate
아데노신에 인산기가 3개 결합한 유기화합물로, 산화 과정에서 유기물의 화학에너지를 방출하여 생물체의 생활 활동에 쓰이는 에너지를 생산한다.

과학자들은 근육의 종류를 크게 **속근섬유**와 **지근섬유** 두 종류로 구분합니다. 속근섬유는 빨리 수축하면서 수축력이 강한 반면, 지근섬유는 수축력은 강하지 않지만 오랫동안 수축운동을 해도 피로를 덜 느끼는 특성이 있습니다.

이러한 속근섬유와 지근섬유의 비율과 개수는 사람마다

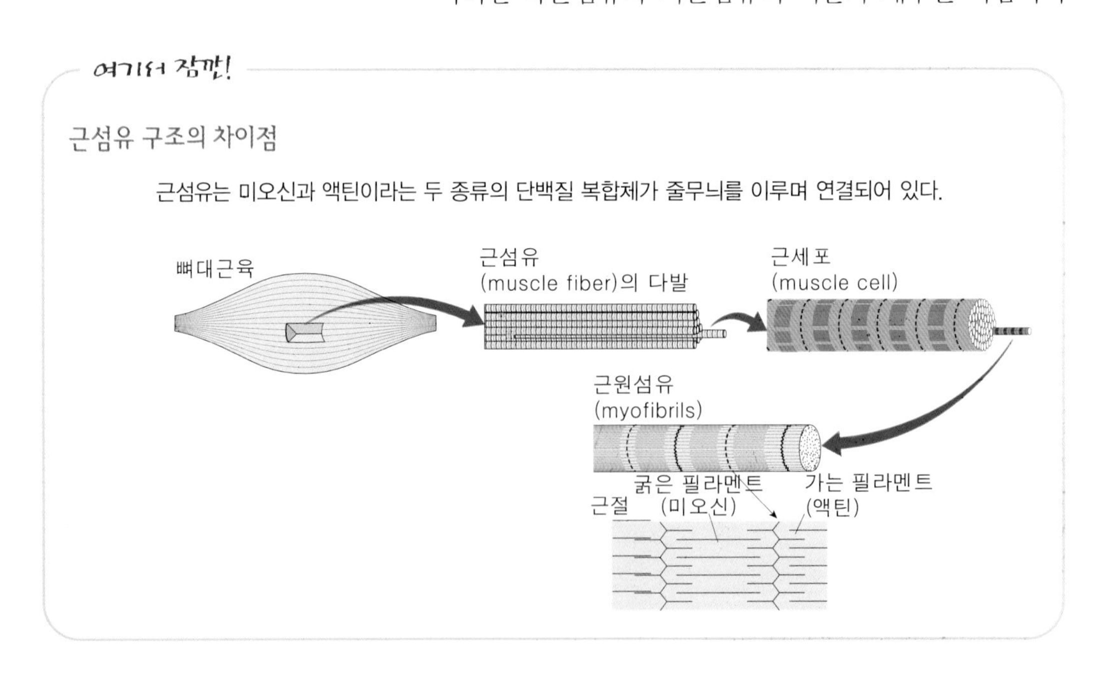

근육마다 모두 다르지만, 대부분의 근육은 속근섬유와 지근섬유를 함께 가지고 있습니다. 또한 태어날 때부터 그 비율과 개수가 정해져 있다고 합니다.

속근섬유와 지근섬유가 어떻게 다른지 닭을 예로 들어 알아봅시다. 고소한 냄새가 코를 자극하는 닭튀김 요리를 떠올려 보세요. 닭다리 살을 뜯어 먹을 때와 가슴 부위 살을 뜯어 먹을 때, 살의 색이 다른 것을 느끼지 않았나요? 잘 모르겠으면 지금 치킨집에 튀김 닭을 한 마리 시켜 확인해 보세요.

닭은 다리 부분과 가슴 부분의 살색이 서로 다릅니다. 다리 살은 검붉은 색을 띠고, 가슴 부분은 밝은 하얀색을 띠고 있습니다. 이것은 다리 살을 구성하고 있는 근육은 주로 지근섬유이고, 가슴 부분의 살을 구성하고 있는 살은 주로 속근섬유이기 때문입니다. 지근섬유는 혈액 공급이 많아서 검붉은 색을 띠고, 속근섬유는 상대적으로 혈액 공급이 적어서 밝은 색을 띱니다.

속근섬유와 지근섬유의 차이점을 조금은 알겠지요? 사람도 마찬가지입니다. 어떤 종류의 근섬유가 많이 분포하는지에 따라 사람의 근육 색도 다릅니다.

우리가 '운동을 통해서 근육을 키웠다.'라고 말하는 것은 근섬유의 숫자를 늘렸다는 것이 아니라 근섬유의 굵기를 늘려 근육의 단면적을 늘린 것을 뜻합니다. 그리고 근육을 어떻게 사용하는지에 따라 특정 종류의 근섬유가 발달하게 됩니다.

모리스 그린과 같은 단거리 달리기 선수들은 아주 짧은 시간에 근육을 사용해서 폭발적인 큰 힘을 내야하기 때문에 빨리 수축하면서 수축력도 강한 속근섬유를 주로 사용하게

속근섬유와 지근섬유
속근섬유는 하나의 굵은 신경세포가 300개에서 800개까지의 근섬유를 지배하고 있어 한꺼번에 많은 근육을 사용할 수 있다. 반면에 지근섬유는 약 10개에서 180개 정도의 근섬유들이 비교적 작은 신경세포와 연결되어 있어 한꺼번에 사용할 수 있는 근섬유가 적다.

되고 근육의 굵기나 단면적이 큽니다. 반면에 이봉주 선수와 같은 장거리 또는 마라톤 선수들은 오랫동안 운동해도 덜 피로해지는 지근섬유를 발달시키게 되고, 근육 크기도 적당한 날씬한 체격을 유지하게 되는 것입니다.

지금 자기의 다리를 살펴보세요. 다리가 굵고 근육이 발달되어 있으면 단거리에 유리하고, 반면에 다리가 가늘고 근육이 덜 발달되어 있으면 장거리에 유리하다고 생각하면 됩니다.

흑인들이 단거리에서 이름을 날리는 이유

올림픽 대회의 100m나 200m 경주에서 선수들을 보면 정말 빨라요. 〈총알 탄 사나이〉라는 영화 제목이 저절로 떠오르죠. 그래서 경기를 중계 방송하는 아나운서들은 그 선수들을 보고 인간 탄환이라고도 표현해요.

그런데 묘한 것은 역대 올림픽 단거리 육상 경기의 우승자를 보면 대부분 흑인들이에요. 가뭄에 콩 나듯이 아주 가끔 백인들이 2등이나 3등을 하지만, 대부분 우승자를 비롯해서 2, 3등까지는 모두 흑인이랍니다.

단거리 경주에 출전한 대부분의 선수들이 흑인이다.

이렇게 인간 탄환 경쟁에서 남자와 여자를 불문하고 흑인들이 백인이나 황인들보다 뛰어난 실력을 보이는 까닭은 무엇일까요? 그 비밀은 근육에 있습니다.

흑인들은 유전적으로 달리기에 적합한 신체 구조를 가지고 있어요. 흑인들은 몸에는 단거리 달리기에 불필요한 피하 지방보다 근육의 양이 훨씬 많거든요. 특히 단거리 달리기에서 가장 중요한 부분인 허벅지 뒤에서 엉덩이로 이어지는 늘씬하고 빵빵한 근육은 백인이 흑인을 따라 갈 수가 없어요.

이 부위에 발달한 근육은 단거리 달리기에서 승패를 가늠하는 역할을 하는데, 순간적 강력한 힘을 발휘한다고 해서 '파워 존'이라고 해요. 흑인들은 '파워 존'이 다른 인종에 비해서 아주 발달해 있어요.

뿐만 아니라 흑인 선수들의 근육의 조직은 빠른 속도를 낼 때 적합한 속근섬유질 근육으로 되어 있다고 해요. 반면에 백인이나 황인종의 근육은 느리지만, 오래 견딜 수 있는 지근 섬유질 근육으로 되어 있어요. 따라서 흑인들은 단거리 육상 경기에, 백인이나 황인들은 장거리 육상 경기에 유리하답니다.

5

다이어트는 에어로빅으로!

마라토너들은 유산소 운동, 단거리 선수들은 무산소 운동

요즘 건강을 위하여, 또는 날씬해 보이고 싶어서 다이어트를 많이 합니다. 다이어트에 좋은 운동으로 에어로빅이 있지요.

열심히 에어로빅을 하고 있는 사람들

에어로빅은 원래 에어로빅스aerobics에서 유래한 말로 '산소를 이용한다'라는 뜻입니다. 에어로빅 운동은 많은 산소를 이용한 지속적인 운동을 하여 신체기능을 원활하게 해주는 유산소 운동을 말합니다. 유산소 운동을 할 때에는 적어도 일주일에 3회 이상, 그리고 한 번에 30분 이상 운동할 것을 권장하고 있습니다. 왜냐하면 지속적으로 운동을 할 때에 몸속에 저장된 지방이나 탄수화물이 소비되기 때문입니다. 그리고 유산소 운동의 에너지 대사 과정은 미토콘드리아라는 세포 내 기관에서 일어납니다.

반대로 무산소 운동은 어떤 것일까요?

처음 근육이 수축하는 운동을 시작할 때, 근육 세포는 당장에 필요한 에너지를 이미 근육 세포 내에 저장되어 있는 **글리코겐**이라는 물질을 원료로 하여 단시간에 만들어냅니다. 산소가 충분히 공급되지 않아도 에너지를 만들 수 있지요.

그런데 세포 내에 저장되어 있는 원료는 30초 이내로 쓸 정도밖에 되지 않아서 그 시간이 지나면 다른 에너지원이

글리코겐 glycogen
세포의 에너지원이 되는 글루코오스를 필요할 때 즉시 이용할 수 있게 저장한 형태로, 1857년 프랑스의 베르나르가 간에서 발견하였다. 근육에 0.6% 정도가 함유되어 있으며 근육 운동에 소비된다.

여기서 잠깐!

미토콘드리아

미토콘드리아는 세포 소기관의 하나로 산소를 이용하여 화학에너지를 만드는 기관이다. 2겹의 세포막을 가지며 돌출된 모양의 내막을 크리스타라고 하는데, 여기서 ATP를 생산한다.

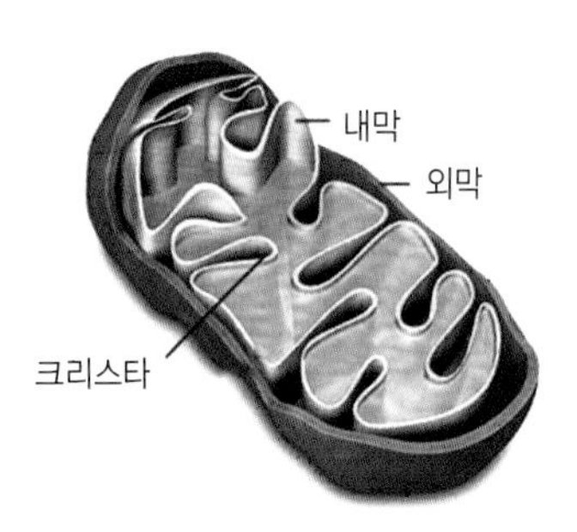

실제 미토콘드리아

필요합니다.

이러한 에너지 생성 과정을 무산소 에너지 대사 과정이라고 하고, 무산소 에너지 대사 과정에서 생성된 에너지를 사용하는 운동을 무산소 운동이라고 합니다.

무산소 운동을 할 때 만들어지는 부산물은 **젖산**입니다. 젖산은 근육과 혈액 중에 쌓여 근육을 피로하게 만들어 근력을 저하시키고, 에너지 생성을 감소시키는 역할을 합니다. 따라서 무산소 운동은 오래하기가 힘듭니다. 빠른 속도로 달리기를 시작하고 나면 얼마 지나지 않아 숨이 턱까지 차는 느낌을 받습니다. 이것은 운동 초기에 충분한 산소가 공급되지 않아서 무산소 과정의 에너지 생산이 증가함에 따라 부산물로 생긴 젖산이 계속 축적될 때 발생하는 현상입니다. 젖산의 농도가 휴식 때보다 10배 내지 15배까지 증가하여 근육에 축적되기 때문이지요. 이러한 현상은 운동 강도를 낮추거나 정지하면서 산소를 충분히 섭취하면 자연스

젖산

락트산 또는 유산이라고도 한다. 사람의 혈액 속에는 100 ml당 5~20mg이 있으며, 심한 운동을 할 때 증가한다. 운동에 의한 근육의 피로는 글리코겐의 분해에 의한 젖산의 축적과 관계가 있다. 휴식을 하면 일부가 산화 분해되지만 대부분 원래의 글리코겐으로 재합성된다.

럽게 없어집니다.

반면에 조깅이나 에어로빅과 같은 강도가 약한 운동을 오랜 시간에 걸쳐 지속적으로 하면 호흡과 맥박이 증가하여 근육세포에 필요한 산소가 충분히 공급되기 시작합니다. 산소가 충분해지면 탄수화물로 에너지를 만드는 과정에서 젖산과 같은 부산물 없이 에너지를 생산할 수 있는데, 이를 유산소 에너지 대사 과정 또는 유산소 운동이라고 부릅니다. 유산소 운동에서는 젖산이 생기지 않기 때문에 지속적으로 에너지를 만들 수 있고 장시간의 운동도 가능합니다.

앞에서 우리는 두 가지 근육세포가 있다는 것을 배웠습니다. 짧고 강한 운동에 반응하는 속근섬유와 느리고 지속적으로 반응하는 지근섬유가 바로 그것입니다. 이번에는 이들 근육이 어떤 운동을 하는지 알아봅시다.

두 형태의 근섬유들은 모두 **무산소 과정**과 **유산소 과정**의 운동을 통해서 에너지를 생산할 수 있지만, 유산소 운동은 지근섬유에서 많이 일어납니다. 왜냐하면 지근섬유가 세포 내에 미토콘트리아를 더 많이 갖고 있기 때문이지요.

무산소 과정과 유산소 과정

무산소 운동 과정은 산소가 없이도 근육 내의 글리코겐을 분해하여 급속하게 에너지를 만들어 낼 수 있으나, 젖산이라고 하는 부산물을 생산해 피로현상을 일으킨다. 그러나 유산소 운동 과정은 에너지 생성 속도는 느리지만, 탄수화물과 지방을 원료로 하여 부산물이 없이 에너지를 지속적으로 만들어 낼 수 있다.

달리는 거리가 긴 마라토너들은 유산소 운동에서 생산되는 에너지에 많이 의존합니다. 왜냐하면 운동을 시작한 지 4분이 지나면서부터 무산소 운동 과정보다 유산소 운동 과정에 의존하는 비율이 더 증가하기 때문이지요. 때문에 마라토너들은 수축력은 강하지 않지만 산소를 사용하여 오랫동안 수축 운동을 해도 피로감을 덜 느끼는 지근섬유를 발달시키는 훈련을 많이 합니다.

반면에 단거리 달리기 선수들은 무산소 운동에서 생산되는 에너지에 더욱 의존합니다. 세계적인 단거리 선수들이 100m를 달리는 데에는 약 10초 정도가 걸립니다. 그들은

100m를 달리는 동안 숨을 들이쉬어 산소를 보충하지 않고 체내에 있는 산소를 이용해 순간적으로 힘을 폭발시켜 움직이지요. 선수들은 차렷 구령과 함께 힘껏 숨을 들이마셨다가 출발 후 6걸음 정도를 뛰는 동안 세 번가량 짧고 빠르게 숨을 내쉰 뒤 무호흡으로 달립니다. 숨을 내쉬는 것은 근육의 경직을 막아주고 내딛는 발과 리듬을 맞출 수 있기 때문에 중요하지만, 숨을 들이마시는 것은 폭발적인 힘의 강도를 약화시키는 일이므로 피해야 하기 때문이지요. 이때에는 아직 유산소 과정의 에너지 생산이 이루어지지 않기 때문에 필요한 에너지는 전적으로 무산소 운동 과정에 의존하게 됩니다.

따라서 단거리 선수들은 빨리 수축하면서 수축력도 강한 속근섬유를 주로 사용합니다. 또한 더 큰 힘을 만들어내기 위해서는 큰 근육이 필요하므로 웨이트 트레이닝 등을 통해서 근육을 키워 근육질의 건장한 체격을 갖게 되는 것이지요.

이와 같은 이유 때문에 마라톤 선수들은 근육의 70~80% 정도가 지근섬유인 것에 비해, 단거리 선수들은 근육의 평균 60~70%가 속근섬유라고 합니다.

6

가벼운 근육통엔 파스를 붙여주세요!

근육통의 원인은 근섬유의 파열

평소에 하지 않던 운동을 갑작스레 하면 잠시 후에 종아리 주위의 근육이 뭉치면서 통증을 느끼게 됩니다. 이런 현상을 두고 흔히 '알이 밴다'라고 표현을 하지요. 종아리 근육이 뭉친 것을 풀기 위해서는 음료수 병으로 다리를 문지르면 좋다는 얘기도 있어요. 갑자기 운동을 해서 근육이 놀란 걸까요? 운동 후에는 왜 근육통이 생길까요?

예전에는 운동 초기의 무산소 운동 과정에서 발생되는 젖산 때문에 근육통이 생긴다고 생각했습니다. 그런데 최근에 근육 통증의 원인이 젖산 때문이 아니라는 새로운 이론이 나왔습니다. 왜냐하면 강한 근육운동 후에 발생하는 젖산은 제거도 빨리 이루어져 운동 후 1시간 정도가 지나면 회복기 수준으로 돌아가기 때문입니다. 또한 잘 훈련된 선수들은 강한 근육 운동 후에도 근육통이 생기지 않는답니다. 따라서 운동 후 며칠씩 계속되는 근육 통증의 원인을 단지 젖산 때문이라고 볼 수는 없는 것이지요.

최근의 연구에 따르면, 이러한 근육 통증은 근섬유의 파열 때문에 생긴다고 합니다. 신체 조건에 무리를 주는 과도한 운동을 하면, 근섬유에 작은 균열이 생기면서 파열되는데, 이때 면역 체계의 활동으로 근섬유에는 염증이 생기고

붓는 것이지요. 이 때문에 근육 통증을 느끼는 것입니다. 잘 훈련된 근육은 저항력이 늘어나서 근육이 파열되는 일이 줄어들며, 혹시 파열된다고 해도 손상이 적습니다.

우리는 근육통을 없애기 위해 아픈 부위에 여러 종류의 '파스'라고 부르는 제품을 붙이기도 합니다. 파스는 일종의 소염진통제로, 염증과 통증에 효과가 있는 약물을 접착성이 있는 습포제에 발라서 피부에 붙이는 것입니다. 이때 약물은 피부를 통해 흡수되어 약효를 내지요.

파스에는 살리실산 메칠, 멘톨, 캄파, 치몰 그리고 초산 토코페롤 등의 여러 성분이 포함되어 있는데, 이들은 신경에 작용하거나 국소 부위를 자극해 통증을 줄이는 작용을 합니다. 또 말초 혈액 순환을 돕거나 열이 발생하도록 하여 통증을 줄이기도 하지요. 물론 살균 방부 작용도 있습니다. 그러나 이들 진통제의 성분은 '진통제'일 뿐입니다. 병증에 대한 치료보다는 통증을 줄이고 신체가 스스로 치유되는 것을 도와주기 때문입니다.

더 빨리, 더 높이, 더 힘차게

근대 올림픽은 1896년 피에르 드 쿠베르탱 Pierre de Coubertin 남작에 의해서 창시되었습니다. 쿠베르탱 남작은 스포츠 제전을 통해 세계의 청년을 한자리에 모이게 하여 우정을 나누게 한다면 세계 평화를 이루는 지름길이 될 수 있다고 생각했습니다. 이에 따라 B.C. 776년 처음 시작된 고대 올림픽의 정신을 되살려 "더 빨리, 더 높이, 더 힘차게"라는 표어 아래 세계의 훌륭한 선수들이 모여 각종 스포츠 경기를 하게 되었지요.

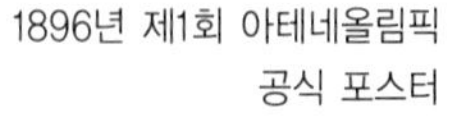
1896년 제1회 아테네올림픽
공식 포스터

7

높이뛰기와 가수 조성모

무게 중심의 위치가 높은 서양인들

몇 년 전, 한 TV 프로그램은 연예인들이 연예인이 아닌 사람들과 다양한 스포츠 종목으로 경기를 치루는 내용으로 큰 인기를 얻었습니다. 그 중 조성모라는 가수는 뜀틀높이뛰기로 유명해졌지요.

물론 뜀틀높이뛰기는 올림픽에서의 높이뛰기와 다릅니다. 높이뛰기는 높이 걸려 있는 막대bar를 뛰어넘어야 하는 경기입니다.

높이뛰기의 자세에는 양쪽 발 사이에 바를 끼우듯이 뛰는 가위뛰기, 비스듬히 도움닫기를 해서 막대 위에서 몸을 옆으로 굴리는 롤 오버, 배부터 바를 넘는 밸리 롤 오버 방식 등이 있어요.

1968년 멕시코 올림픽에서 미국 대표인 딕 포스베리Dick Fosbury는 배를 하늘로, 등을 지면으로 향한 채 바를 뛰어넘어 2m 24cm의 기록으로 세계 신기록을 내고 우승을 했답니다. 우리나라 용어로는 배면뛰기라고 이름 붙여진 이 방식은 이후 거의 모든 선수들이 사용하는 방식이 되었지요.

배면뛰기가 가장 효과적인 높이뛰기 자세인 까닭은 무엇일까요? 그것은 **무게 중심**과 관련이 깊답니다. 배면뛰기는 무게 중심을 가장 낮춘 자세이고, 무게 중심이 낮으면 그만큼

무게 중심 center of gravity
물체의 각 부분에 작용하는 중력의 합력이 작용하는 점. 원이나 사각형처럼 대칭 구조를 가진 물체는 대칭선 위에 무게 중심이 있다.

높이뛰기 선수가 배면뛰기를 하는 자세. ∩자형의 빈 공간에 무게 중심이 위치함으로써 작은 에너지로도 바(ba)r를 효율적으로 넘을 수 있다.

적은 에너지로 높이 뛸 수 있기 때문이지요.

일반적으로 사람의 무게 중심은 배꼽 아래 약 2.5cm 위치에 있다고 하는데, 이 무게 중심을 효과적으로 높이뛰기 막대 위까지 끌어올리는 것이 높이뛰기에서 가장 중요합니다.

배면뛰기의 자세는 공중에서 몸을 뒤로 젖혀 U자형 모양의 빈 공간에 무게 중심이 위치함으로써 다른 자세에서보다 10cm 아래에 무게 중심이 위치합니다. 이렇게 하면 선수의 몸은 막대 위로 지나가지만, 무게 중심은 바 아래로 지나갈 수 있습니다. 따라서 배면뛰기는 달려오는 스피드를 이용하여 부드럽게 바를 넘을 수 있는 가장 효율적인 자세입니다.

반면에 무게 중심이 높은 가위뛰기, 롤 오버, 밸리 롤 오버 등의 높이뛰기 자세는 강력한 도약력을 필요로 하기 때문에 큰 에너지가 필요하답니다.

무게 중심의 위치는 선수의 체형과도 관련이 깊습니다. 그래서 훌륭한 높이뛰기 선수는 다리가 길어야 하고, 특히 상체의 무게가 많이 나가지 않도록 상체가 날씬해야 합니다. 가수 조성모의 몸을 자세히 살펴보세요. 조성모는 다른 연예인들에 비해 다리가 길고 상체가 날씬합니다. 긴 다리와 날씬한 상체 덕에 다른 선수들에 비해 도약을 하는 시작 위치가 높아져서 훨씬 유리하였던 것이지요.

아테네 장대높이뛰기에서 우승한 러시아의 옐레나 이신바예바는 높이뛰기 선수에게 이상적인 긴 다리와 날씬한 몸매를 가졌다.

2004년 여자 장대높이뛰기에서 우승한 옐레나 이신바예바는 높이뛰기 선수에게 가장 이상적인 긴 다리와 날씬한 상체를 가진 선수였고, 그녀는 이상적인 자신의 몸매를 최대한 활용하여 올림픽 금메달을 목에 걸 수 있었습니다.

올림픽에서 높이뛰기 또는 장대높이뛰기에서 우승한 선

수들을 보면 대부분 서양인(백인)들입니다. 왜 그럴까요? 서양인들은 다리가 동양인들보다 길고, 전신 비율에서 하체가 57%, 상체가 43%로 무게 중심이 위에 있습니다. 서양인들은 선천적으로 몸의 무게 중심이 위에 있어, 몸을 공중에 띄우는 데 유리합니다. 따라서 어떤 의미에서 높이뛰기 종목은 동양인에게는 불리한 종목이라 할 수 있지요.

무게 중심이 관련된 종목에는 수영의 다이빙이 있습니다. 다이빙 선수들이 공중에서 4바퀴 반을 도는 고난이도 동작을 할 경우, 상체를 점프와 동시에 안으로 꼬아 말아야 하는데, 무게 중심이 위에 있고 상체가 짧을수록 이 자세를 잡기가 쉽다고 합니다. 그러니 다리가 길어 동작까지 멋있어 보이는 서양인들을 동양인들이 당할 재간이 없는 것이지요. 다이빙에서 동양권의 체면을 유지하는 중국 선수들도 알고 보면, 체형이 서양인과 거의 유사한 한족이 대부분입니다.

내용정리

1. 작용 반작용의 법칙

뉴턴의 운동 법칙 중 세 번째 법칙이다. 힘이 작용하면 반드시 같은 크기의 힘이 반대 방향으로 작용한다는 법칙이다.

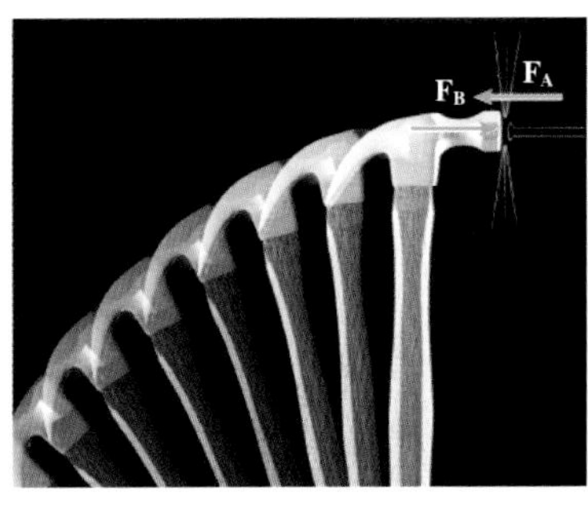

망치가 못에 작용하는 힘 A는 못이 망치에 작용하는 힘 B와 크기가 같고 방향이 반대이다.

2. 속력과 속도

운동하는 물체의 빠르기를 비교할 때에는 같은 거리를 이동하는 데 걸린 시간을 비교하거나, 같은 시간 동안 이동한 거리를 비교한다. 그러나 이동거리와 걸린 시간이 모두 다를 때에는 단순비교를 할 수 없으므로 단위 시간당 이동한 거리로 빠르기를 나타낸다. 이때, '속력'은 방향을 고려하지 않는 스칼라량으로 이동한 거리를 이동하는 데 걸린 시간으로 나누어 계산한다. 단위로는 m/s, km/h 등을 사용한다.

$$\text{속력} = \frac{\text{이동거리}}{\text{이동하는 데 걸린 시간}}$$

한편 이동한 거리의 방향까지 고려할 경우는 '속도'라고 하며, 힘과 같이 방향과 크기가 고려되는 벡터량이다.

3. 근육운동

근육운동은 미오신과 액틴이라는 두 종류의 단백질 복합체가 결합하여 근섬유의 길이가 짧아지며 수축하는 것이다. 근육운동에는 ATP(아데노신3인산)라는 에너지가 사용되며, 이 에너지는 주로 미토콘드리아에서 생산한다.

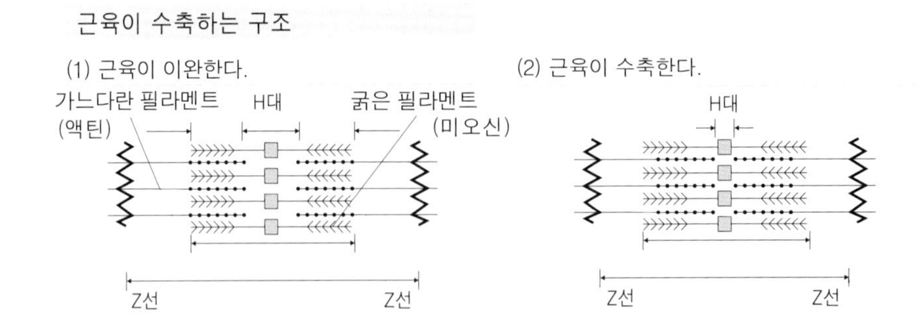

8

더 높이 날아볼까!

장대높이뛰기에서의 탄성력

장대높이뛰기는 1896년 제1회 근대 올림픽부터 있었던 경기 종목입니다. 장대높이뛰기는 그냥 높이뛰기의 기록과는 많은 차이를 보입니다. 높이뛰기의 세계 기록은 2.45m이지만, 장대높이뛰기의 세계 기록은 6m를 훌쩍 넘습니다. 또한 장대높이뛰기는 다른 종목에서보다 기록이 놀랍도록 향상되었는데, 1회 대회 때 3.30m에 그치던 기록이 1996년 애틀랜타 올림픽에서는 5.92m를 뛰어넘었습니다. 세계 최고 기록은 러시아의 세르게이 부브카Sergej Bubka에 의해 수립되었는데, 무려 6.14m를 뛰어넘었답니다.

제1회 올림픽부터 있었던 육상 경기 종목
100m, 400m, 800m, 1500m, 110m 허들, 높이뛰기, 멀리뛰기, 세단뛰기, 장대높이뛰기, 투포환, 원반던지기, 마라톤 등 12개 종목

다른 종목에 비해 장대높이뛰기에서 기록 경신이 두드러진 이유는 무엇일까요? 그것은 장대높이뛰기 종목은 다른 종목과는 달리 경기에서 '장대'라고 부르는 장비를 사용하기 때문입니다. 장대를 사용하는 것은 탄성력을 이용하기 위해서인데, 처음에는 장대의 원료가 나무였다가, 1950년대 들어서 탄성이 좋은 대나무로 바뀌었어요. 그리고 최근에는 탄소로 코팅한 첨단 유리 섬유가 사용되는데, 그 탄성력이 아주 좋아졌답니다. 따라서 장대높이뛰기 종목은 장대의 탄성력을 잘 이용하는 기술이 중요하답니다. 탄성력을 이용하려면 탄성이 무엇인지 잘 알아야겠지요?

세계 신기록을 35차례 수립한 세르게이 부브카. 그는 세계 선수권 6연패를 달성했으며, 1988년 서울 올림픽에서도 금메달을 목에 걸었다.

용수철을 손으로 잡아당기면 용수철의 길이가 늘어나고, 잡아당긴 용수철을 놓으면 다시 원래 상태로 되돌아갑니다. 또한 힘을 주어 용수철을 누르면 길이가 줄어들고, 놓으면 다시 원래 길이로 되돌아갑니다. 이와 같이 용수철이 힘을 받아서 그 길이가 변하게 되면 처음 상태로 되돌아가려는 성질을 갖게 되는데, 이러한 성질을 **탄성**이라고 한답니다. 그리고 탄성을 가지고 있는 물체가 힘을 받았을 때, 원래의 상태로 되돌아가려는 힘을 탄성력이라고 하며 탄성을 갖고 있는 물체를 탄성체라고 하지요.

탄성
탄성은 작용한 힘이 없어지면 다시 처음의 상태로 되돌아가려는 성질을 의미한다. 탄성을 가지고 있는 물체에는 용수철뿐만 아니라 고무줄, 공기가 들어있는 고무공 등 여러 가지가 있다.

우리 주위에는 이러한 탄성력을 이용한 것들이 많습니다. 지금 우리가 입고 있는 팬티의 고무줄, 매트리스 안에 들어 있는 스펀지, 자동차의 타이어, 어린이들이 가지고 노는 스카이 콩콩의 용수철 등등……. 예를 들자면 끝이 없을 거예요. 그 만큼 탄성력은 우리 가까이에 있는 힘이랍니다.

탄성력의 방향은 물체를 변형시키는 힘과 항상 반대입니다. 줄어든 스펀지는 눌린 방향과는 반대 방향으로 늘어나려는 탄성력이 작용하고, 고무줄을 잡아당기면 잡아당기는 힘과는 반대 방향으로 줄어들려는 힘이 작용하지요.

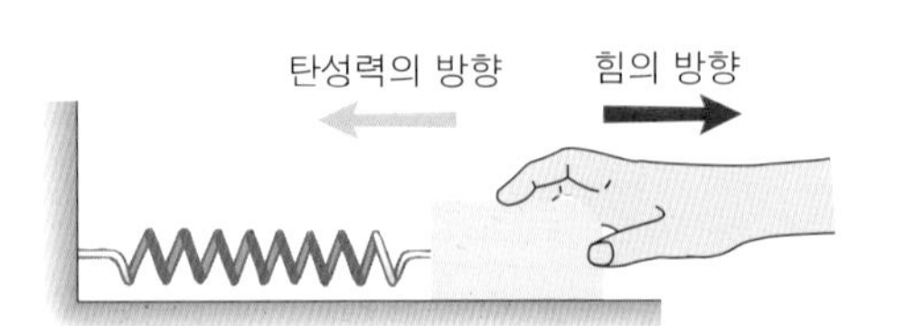

또한 외부에서 작용하는 힘의 크기가 커질

수록 물체의 변형도 많이 일어나게 되는데, 변형이 많을수록 탄성력도 비례하여 커진답니다. 이를 '훅의 법칙'이라고 하는데, 1678년 **로버트 훅**이라는 과학자가 발견했지요.

장대높이뛰기 선수가 하늘을 향해 높이 뛰어오르는 모습을 보세요. 선수는 40m 이상의 도약 거리를 빠른 속도로 달려와 장대의 한쪽 끝으로 땅을 짚고 다른 쪽 끝에 자신의 몸무게를 실어, 휘어진 장대가 펴지는 순간 높이 올라갑니다. 이때 선수는 자신의 몸에 작용하는 중력을 탄성력으로 이기고 높이 뛰는 것이지요.

그렇다면 탄성이 좋은 장대를 사용하면 더 높이 뛸 수 있을까요? 세계육상연맹 규정에는 장대의 재질이나 두께, 길이에 대해 아무런 제한이 없다고 합니다. 하지만 선수들은 일반적으로 장대의 길이는 4.5m보다 좀더 길고, 지름은 약 3.5cm 내외의 장대를 많이 사용한다고 해요. 왜냐하면 무조건 길고 탄성이 좋은 장대를 쓴다고 해서 높이 뛸 수 있는 것은 아니기 때문입니다. 탄성이 너무 좋은 장대는 에너지 전달 과정이 효율적이지 않거든요. 그 이유를 알기 위해서 장대높이뛰기의 에너지 전달 과정을 알아보도록 할까요?

장대높이뛰기 선수는 약 40m 거리를 전력 질주합니다. 그래서 장대높이뛰기 선수의 100m 달리기 기록이 다른 종목의 선수들에 비해 월등하다고 합니다. 현재의 세계 기록 보유자인 세르게이 부브카는 100m를 10초 2에 달린다고 하지요. 이렇게 달리기 속도가 빨라야 하는 이유는 무엇일까요? 그것은 선수의 **운동 에너지**가 클수록 높이 도약할 수 있기 때문입니다. 선수가 가지는 운동 에너지가 장대의 탄성 에너지로 전환되고, 그것이 나중에 위치 에너지로 전환되기 때문이지요. 그리고 위치 에너지가 클수록 높이 올라갈 수

로버트 훅 Robert Hooke
1635~1703
영국의 물리학자이자 생물학자이다. 1678년, 힘을 가하여 고체를 변형시킬 경우, 힘이 어떤 크기를 넘지 않는 한 변형의 양은 힘의 크기에 비례한다는 훅의 법칙을 발견했다.

운동 에너지
물체가 운동할 때 가지는 에너지이다. 질량 m인 물체가 속도 v로 운동하고 있을 때, 운동 에너지=$\frac{1}{2}mv^2$ 으로 표시된다.

위치 에너지

물체가 각각의 위치에서 가지는 에너지이다. 질량 m인 물체를 높이 h반큼 밀어 올리는 데에는 중력에 거슬러서 mgh(g는 중력가속도)의 일이 필요하다. 따라서 높이 h에 있는 질량 m인 물체의 위치 에너지는 mgh가 된다.

있는 것이랍니다.

그런데 이때 운동 에너지가 모두 **위치 에너지**로 전환되지는 않습니다. 왜냐하면 운동 에너지가 위치 에너지로 전환되는 과정에서 장대의 탄성에 의한 반발력으로 에너지가 손실되기 때문이지요. 그러므로 탄성이 너무 좋아도 문제가 되는 것이랍니다. 탄성이 너무 크면 탄성력이 좋아지는 만큼 반발력으로 인한 에너지 손실도 따라서 커지기 때문이지요.

9

공중을 나는 사나이들 I

멀리뛰기

한때 세계에서 제일 빠른 사나이로 불렸던 칼 루이스Carl Lewis는 단거리 경기뿐 아니라 멀리뛰기에서도 최고의 선수였습니다. 이처럼 멀리뛰기 선수들 중에는 단거리 달리기 기록이 좋은 선수들이 많습니다. 왜냐하면 멀리뛰기 선수들은 20~30m의 거리를 온 힘으로 달려 거기서 얻은 가속도의 관성으로 공중을 날아야 하기 때문입니다. 적어도 8m 이상을 뛰기 위해서는 100m를 10초 5 이내로 달릴 수 있는 빠른 속도가 필요하다고 합니다. 그러나 빨리 달린다고만 해서 멀리뛰기 기록이 잘 나오는 것은 아니라고 해요. 그 이유를 알아볼까요?

1996년 애틀랜타 올림픽 멀리뛰기 종목에서 금메달을 딴 칼 루이스의 도약 모습

멀리뛰기에서는 '도움닫기, 발 구르기, 공중 동작, 착지'의 4단계 동작이 연속적으로 이루어집니다. 멀리뛰기는 도움닫기에서 얻은 **가속도**와, 강한 발 구르기에 의한 반작용으로 최대한 멀리 뛰어야 하는 관성 운동입니다.

그런데 도움닫기의 속도가 너무 빠르면 발 구르기에 어려움이 있을 수 있습니다. 그 이유는 선수와 발 구름판이 작용과 반작용의 법칙에 의해 서로 힘을 주고받기 때문입니다. 우리가 축구를 할 때, 축구공을 세게 차면 발등이 아픈

가속도
속력이나 방향이 변하는 운동을 가속도 운동이라 하고, 이때 속도의 변화를 가속도의 크기로 나타낸다.

것은 내 발등이 공에 작용한 힘에 대해 반작용으로 공이 내 발등에 힘을 가하기 때문이지요. 선생님이 수업시간에 떠든다고 내 머리를 쥐어박을 때, 내 머리가 아픈 만큼 선생님의 주먹도 아픈데, 이것도 작용과 반작용의 법칙이 적용되기 때문이에요.

이처럼 우리가 몸으로 느끼는 힘들은 모두 물리학적인 힘으로 작용과 반작용의 법칙이 적용된답니다. 따라서 선수가 발 구르기에 충분한 힘으로 작용을 해야, 발 구름판은 선수에게 반작용을 제대로 할 수 있답니다. 발 구름판의 반작용의 힘을 힘껏 받지 않으면 멀리뛰기 선수는 제대로 된 도약을 할 수 없습니다.

선수가 발 구름판을 밟을 때는 상체를 위로 끌어올리는 기분으로 힘껏 차고 오르는 것이 중요합니다. 왜냐하면 멀리뛰기에 가장 이상적인 형태는 **포물선 운동**이기 때문이지요. 아래 그림에서 볼 수 있듯이 일반적으로 물체는 공기의 저항을 무시하면 45° 위로 던져 올렸을 때 가장 멀리 날아갑니다.

포물선 운동
포물선 운동은 수평 방향으로는 등속 운동을 하며 수직 방향으로는 등가속도 운동을 하는 물체의 운동이다.

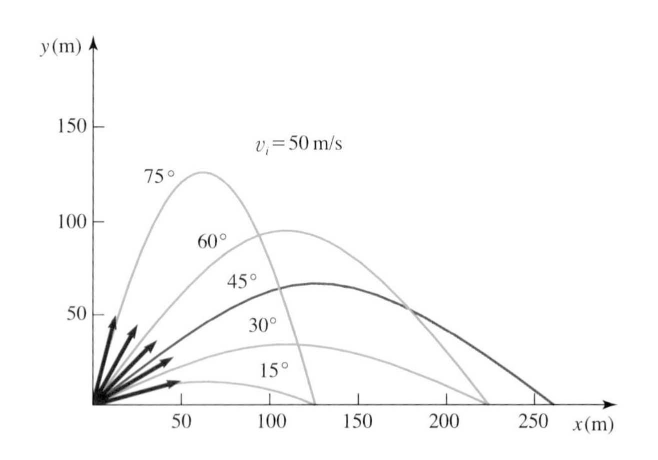

그러나 멀리뛰기에서는 도움닫기와 착지할 때의 무게 중심의 높이를 고려하여 30° 내외의 각도로 뛰는 것이 가장 좋습니다. 다리는 최대한 몸의 중심에 가깝게 끌어올려야만 멀리 뛸 수 있고, 이 자세는 공기의 저항을 최대한 줄여줍니다.

그런데 달려오는 가속도가 너무 크면 도약 각도가 작아지므로, 위로 오르기보다는 앞으로 그냥 달려가는 운동을 하게 되어 이상적인 형태의 포물선 운동이 되기 어렵습니다. 뿐만 아니라 발 구름을 할 때에는 무릎을 구부린 채 발 뒤꿈치로 강하고 신속하게 밟아야 하는데, 가속도가 너무 크면 자세가 불안정하여 앞으로 넘어질 수도 있습니다.

공중 동작 자세에는 '다리모아뛰기'와 '젖혀뛰기', '가위뛰기'가 있습니다. 다리모아뛰기는 흔히 일반인들이 멀리뛰기를 할 때 가장 많이 쓰는 자세이고, 젖혀뛰기 자세는 초보 선수들이 사용하는 방법입니다. 이 자세는 몸이 최고점에 도달했을 때, 양팔을 뒤쪽에서 위로 뻗어 올리고, 가슴을 크게 젖히며, 허리와 배를 펴서 몸이 활 모양이 되게 합니다. 이것은 몸의 탄성력을 최대한 이용하기 위해서입니다.

가위뛰기 자세는 선수가 도약한 후에 공중에서 달리는 것과 같은 발동작을 계속하는 것을 말합니다. 이 자세는 전문적인 용어로 '히치 킥hitch kick' 자세라고 합니다.

세계 기록(8.95m) 보유자인 미국의 마이크 포웰Mike Powell

멀리뛰기 세계 기록 보유자 마이클 포웰이 히치 킥 자세를 취하고 있다.

젖혀뛰기

등 정상급 선수들은 멀리뛰기 방법 중 모두 이 자세를 이용합니다. 그런데 왜 선수들이 힘들게 공중에서 달리는 동작을 하는 걸까요?

멀리뛰기 선수가 빠른 속도로 달려 발 구름판을 딛는 순간 선수의 다리는 정지하게 되지만, 상체는 달려오던 속력 때문에 **관성**에 의해 계속 앞으로 나아가려고 하기 때문에 선수의 몸은 **회전 운동**을 하게 됩니다.

그러므로 다리를 가만히 있으면 몸이 앞 방향으로 회전을 하게 되지요. 그런데 이렇게 몸이 회전을 하게 되면 반칙 처리가 됩니다. 비록 가위뛰기 자세가 가장 멀리 뛸 수 있는 자세라 하더라도 반칙을 해서는 안 되겠지요. 그래서 선수들은 공중에 떠 있는 짧은 시간 동안 끊임없이 뒤쪽의 발을 앞으로 뻗어 펴는 동작을 반복하여 자신의 몸이 앞으로 회전되는 것을 막는 것입니다.

그림에서 보는 바와 같이 히치 킥 자세는 매우 어려운 자세입니다. 일정한 비행 거리가 나오지 않는 일반인은 공중 도약 시간이 더 짧아져서 히치 킥이 불가능합니다. 오히려 도약 후에 몸을 활처럼 젖히는 안정된 젖혀뛰기가 더 적합하지요. 그래서 히치 킥은 아무나 할 수 있는 자세가 아닙니다. 우리나라 선수들은 대부분 젖혀뛰기 자세를 사용하므로

관성

물체가 현재의 운동 상태를 지속하려는 성질이다. 관성의 개념은 뉴턴에 의해서 완성되어, 운동 제1법칙으로 정리되었다. 관성은 질량에만 의존하는 양으로 질량이 클수록 관성이 큰데, 몸이 무거운 사람일수록 멈추기 힘든 까닭도 관성 때문이다.

회전 운동

자전거 바퀴나 팽이처럼 물체가 한 점 주위를 원을 그리면서 회전하는 운동이다.

멀리뛰기 선수의 신체 조건

멀리뛰기 선수는 상체가 무겁고, 하체가 길어 몸의 무게 중심이 높을수록 유리하다. 또 선천적으로 탄력 있는 몸이면 좋은데, 키는 180cm 이상, 체중은 70kg 이상이 좋다고 한다.

가위뛰기(일명 히치킥)

아직도 아시아 중위권에 머물러 있어요. 우리나라에서도 히치 킥을 하는 선수가 빨리 나와야 멀리뛰기 경기에서 우승을 바라볼 수 있겠지요?

한편, 착지를 할 때에는 발동작을 이용하여 상체를 앞으로 숙이면서 무릎과 발목의 힘을 빼고 무릎을 굽혀 몸이 땅에 떨어질 때 생기는 **충격량**을 흡수할 수 있도록 해야 합니다. 그러지 않으면 뒤로 넘어져 기록이 나빠지거나 허리를 다칠 수 있습니다.

여기서 잠깐!

충격량에 대해 알아봅시다.

일정한 세기의 힘(F)이 일정한 방향으로, 일정한 시간 동안 작용하였을 때, 힘과 시간의 관계는 그래프 (1)과 같이 나타난다. 그렇지만 실제 생활에서 힘의 크기는 시간에 따라 달라진다. 예를 들어 테니스 라켓으로 공을 칠 때, 공이 라켓으로부터 받는 힘의 크기는 그래프 (2)에서처럼 시간에 따라 급격히 변한다. 이때 아주 짧은 시간 동안 작용하는 힘과 시간을 곱한 값을 충격량이라고 하는데, 아래 그래프에서 직사각형의 넓이에 해당하는 값이다.

그러면 착지를 할 때 무릎을 굽히는 이유는 무엇일까? 충격량이 같을 때, 시간이 길수록 작용하는 힘이 줄어들기 때문이다. 이는 자동차가 충돌할 때, 에어백이 터져 사람의 몸이 충돌하는 시간을 늘려 주는 원리와 같고, 고층에서 사람이 떨어질 때 119구조대가 에어 매트리스를 깔아 바닥에 충돌하는 시간을 늘려 주는 원리와 같다. 즉, 무릎을 굽혀 충격을 받는 시간을 늘리면 그만큼 충격 때에 받는 힘이 줄어드는 것이다.

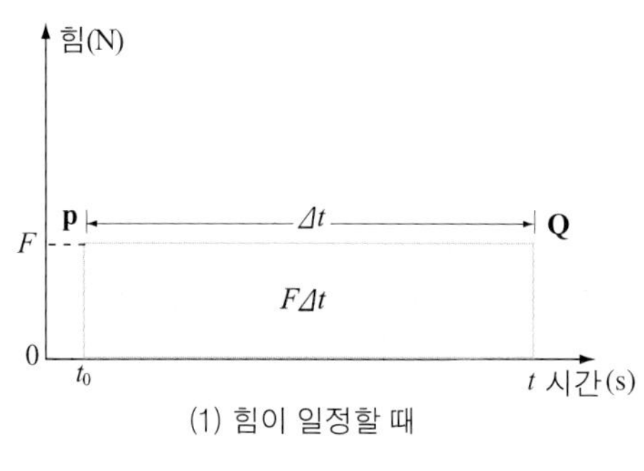

(1) 힘이 일정할 때

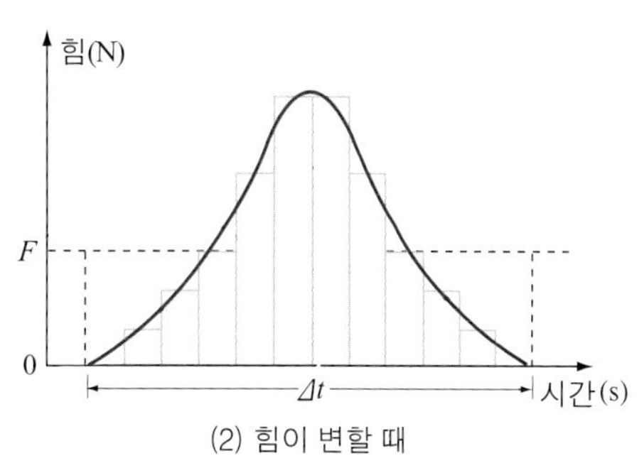

(2) 힘이 변할 때

10

공중을 나는 사나이들 II

멀리뛰기와 기압

1968년 멕시코시티에서 열린 제19회 올림픽 멀리뛰기 경기에서 미국의 밥 비몬Bob Beamon은 8.90m라는 경이적인 기록을 세웠습니다. 이것은 종전 세계 기록을 24cm나 넘어선 것으로, 당시 사람들은 이 기록이 해발 고도가 약 2,200m인 멕시코시티의 높은 고도 때문에 가능한 것이라고 하였습니다.

우리나라의 해발 고도
우리나라 해발고도는 인천만 평균 해수면 높이를 0m으로 하여 측정한다.

멀리뛰기 기록에 해발 고도가 무슨 상관일까요? 해발 고도란 해수면으로부터의 높이를 말합니다. 산의 높이를 말할 때, 흔히 '해발 고도 몇 m이다.'라고 하지요? 그 높이를 말해요. 해발 고도가 1,000m라는 것은 그 높이가 바다 표면을 기준으로 1,000m 위쪽에 있다는 뜻입니다.

해발 고도가 높으면 어떤 일이 일어나기에 멀리뛰기 기록에 상관이 있을까요? 답은 대기압에 있습니다.

대기압이란 공기의 압력으로, 그 지점에서 측정되는 공기의 무게로 표현됩니다. 그런데 이 대기압은 지표면에서 위로 올라갈수록, 다시 말해 해발 고도가 높을수록 작아집니다.

높이에 따라 대기압의 크기는 얼마나 줄어들까요? 다음 그래프를 보면 해수면의 평균 대기압은 1,013hPa이고, 해발 고도가 5.5km이면 평균 대기압의 반이 됩니다. 또한 대류권

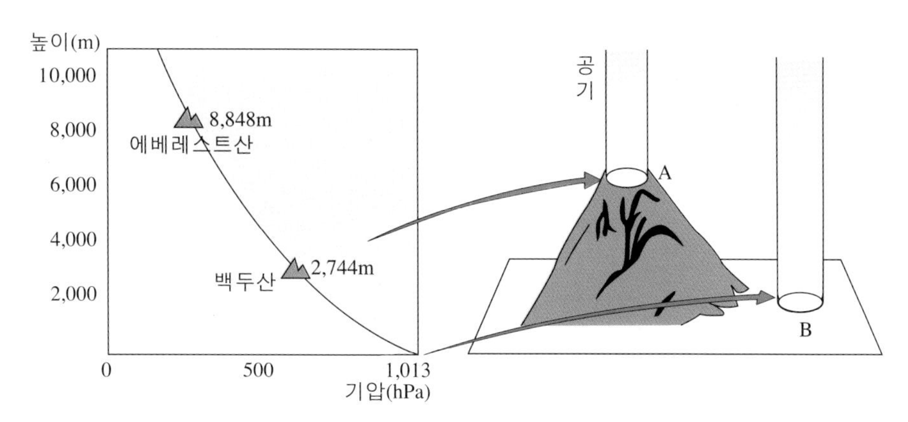

높이에 따른 공기의 분포

이 끝나는 경계면의 높이인 12km 부근에서는 1/5로 줄어 약 200hPa가 되지요. 30km 부근은 지상 기압이 1/100 정도가 된다고 해요. 그러니까 대기의 99%가 30km 이내에 있다는 것을 알 수 있지요.

그러면 왜 위로 올라갈수록 공기의 양이 줄어들까요? 그것은 중력 때문입니다. 지구 위에 있는 모든 것들은 중력의 영향으로 붙들려 있는데, 공기도 질량이 있기 때문에 중력

hPa(헥토 파스칼)
기상학에서 사용하는 기압의 단위이다. 면적 1㎡에 1N의 힘을 받을 때 사용하는 압력의 단위인 Pa의 100배이다. (100Pa = 1hPa)

여기서 잠깐!

비행기를 타면 귀가 멍해지는 까닭은?

귀는 외이, 중이, 내이 등의 세 부분으로 되어 있다. 이 중에서 중이는 고막이 있는 부분으로 기압의 영향을 쉽게 받는 공기 주머니로 되어 있고, 고막의 밖과 안의 대기압이 같지 않을 경우 귀가 뭔가에 막힌 듯한 답답함을 느낀다. 비행기가 상승하고 있을 때는 점차 기압이 내려가기 때문에 중이 속의 공기는 팽창한다. 그러다가 비행기가 고도를 낮추면 점점 주위의 기압이 높아진다. 이때 중이는 급속히 진공 상태가 되므로 귀가 멍멍해지는 것이다.

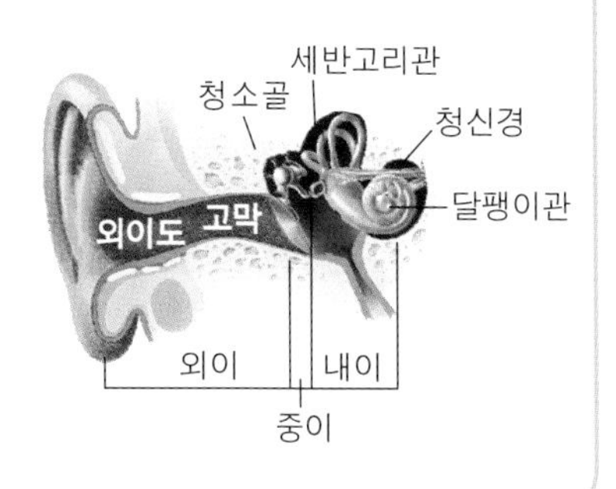

의 영향을 받습니다. 따라서 지표에 가까울수록 중력의 크기가 커 공기의 양이 많아지는 것이랍니다.

반면에 지표에서 멀수록 중력의 크기가 줄어들므로 공기의 양도 줄어들지요. 지상보다는 에베레스트와 같은 높은 산 위에서 대기압이 더 낮고, 높은 산에서 밥을 할 때, 뚜껑 위에 무거운 돌을 올려놓는 까닭도 여기에 있답니다.

대기압이 작으면 공기의 밀도가 낮아지므로, 공기 저항이 작아지는 효과가 발생합니다. 그러므로 멕시코시티의 고지대에서 공기 저항을 적게 받은 밥 비몬은 다른 곳에서보다 좋은 기록을 낼 수 있었던 것입니다. 당시의 공기 저항이 작아지는 효과를 계산했더니, 밥 비몬의 경우, 멕시코시티에서와 같은 고지대에서는 해수면에 비해 약 2.4cm 정도 더 멀리 뛸 수 있다는 결론을 얻었습니다.

한편, 공기의 밀도가 작아지면 **산소의 분압**이 낮아집니다. 산소의 분압이 낮아진다는 말은 공기 중의 산소의 양이 부족하다는 것을 의미합니다. 이 때문에 에베레스트와 같이 높은 산을 올라갈 때 산소통을 준비해 가는 것이랍니다. 그렇지 않으면 산소 부족으로 **고산병**이라는 심각한 병에 걸려, 훈련이 되지 않은 사람들은 목숨을 잃기도 합니다.

이런 면에서 볼 때 멕시코시티의 적은 산소량은 상대적으로 운동 선수들에게 불리하게 작용했을 것 같은데, 실제로 밥 비몬의 멀리뛰기 세계 기록에는 아무런 영향을 끼치지 않은 까닭은 무엇일까요?

그것은 멀리뛰기가 무산소 운동을 하는 단거리 달리기 종목이기 때문입니다. 앞에서 말했다시피 무산소 운동은 산소를 거의 사용하지 않습니다. 따라서 낮은 산소 분압이 밥 비몬에게 아무런 영향을 끼치지 않은 것이죠. 반대로 멕시

산소 분압

지구를 둘러싸고 있는 대기의 약 78%는 질소, 약 21%는 산소, 그리고 나머지 1%는 기타 기체로 구성되어 있다. 지표면에서의 대기압이 1기압이이라는 것은 질소, 산소 등의 혼합 기체의 압력이 1기압임을 나타내는 것이다. 산소 분압이란 혼합 기체 속에서 산소만의 압력을 말한다.

고산병

해발 고도 2,500~3,000m 이상의 높은 산에 올랐을 때 볼 수 있는 병적 증세로 산악병의 일종이다. 높은 산에서는 기압이 내려가면서 함께 공기 속의 산소의 양이 줄어들므로 쉽게 피로해지고 두통이나 구토가 일어나, 심하면 목숨을 잃기도 한다.

코 올림픽 대회에서 1,500m 이상의 장거리 육상 경기는 해발 고도가 낮은 다른 지역에서보다 더 낮은 기록이 나왔습니다. 왜냐하면 1,500m 이상은 유산소 운동을 하는 장거리 종목에 해당하기 때문이죠.

11

팔매질한 돌이 날아가는 방향은?

해머던지기와 원심력

해머던지기

해머던지기는 초기에 나무 손잡이가 달린 쇠망치(해머)를 던진다고 붙여진 이름입니다. 그런데 지금은 쇠망치를 던지지 않습니다. 대신 겉은 철이나 황동으로 되어 있고, 속은 납으로 채워진 7.25kg 이상의 금속 구를 사용합니다. 하지만 이름은 여전히 해머로 불리고 있습니다. 선수는 콘크리트로 된 지름 2.135m의 원 안에서 회전을 하면서 해머를 던집니다.

금속 덩어리의 무게를 생각하면 별로 멀리 던질 수 없을 것 같지만, 해머던지기의 기록은 놀랍게도 80m가 훨씬 넘습니다. 생각보다 해머를 멀리 던질 수 있는 비밀은 선수가 해머를 던지는 모습에서 찾아볼 수 있습니다.

해머던지기 선수는 하체를 고정한 채 머리 위에서 해머를 두 바퀴쯤 돌린 후, 다시 해머와 함께 몸을 3~4회 회전시켜 해머를 던집니다. 이 동작에 해머를 멀리 던지기 위한 과학의 원리가 숨어있습니다.

어릴 때 정월 대보름이 되면 달이 뜰 무렵 동네 친구들과 함께 쥐불놀이를 했습니다. 바람구멍이 숭숭 뚫린 빈 깡통에 철사로 길게 끈을 매달고, 깡통 안에 오래 탈 수 있는 장작개비 조각이나 솔방울을 채운 다음, 불을 붙여 허공에다

빙빙 돌리며 노는 놀이였습니다. 동네 아이들이 불을 붙여 쥐불을 빙빙 돌리면, 불꽃이 원을 그리며 밤하늘을 아름답게 수놓지요. 그러다가 "망월이야!"를 외치며 논두렁, 밭두렁에다가 불을 붙입니다.

쥐불놀이

지금 이런 일을 했다가는 산불이 난다고 소방서에 잡혀가겠지만, 그때에는 쥐불놀이가 농작물에 피해를 주는 쥐를 잡고(그래서 쥐불놀이라 불렀어요), 들판의 마른 풀에 붙어 있는 해충의 알을 태워 없애기 위해 필요한 일이었어요. 뿐만 아니라 타고 남은 재가 다음 농사에 거름이 되었기 때문에 어른들은 곡식의 새싹이 잘 자라게 하기 위한 소망이 담겨 있는 놀이로 여겨 오히려 쥐불놀이를 권하기도 했답니다. 또 쥐불놀이를 민간신앙으로 생각하고, 이날 불을 놓으면 모든 잡귀를 쫓고 액을 달아나게 하여 1년 동안 아무 탈 없이 잘 지낼 수 있다고 믿었습니다. 생각해보면 쥐불놀이는 정말 중요한 놀이였답니다.

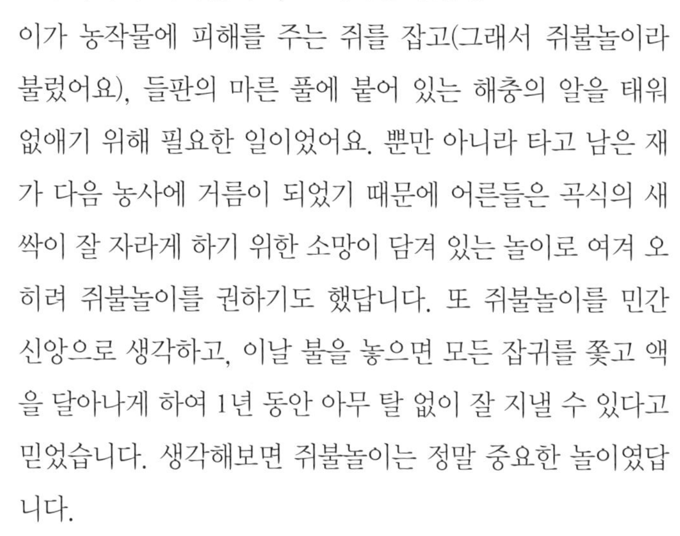

갑자기 추억 속의 쥐불놀이를 꺼낸 것은 쥐불놀이와 해머던지기는 모두 원 운동을 이용한다는 점에서 그 원리가 같기 때문입니다.

쥐불놀이에서 쥐불이 원을 그리며 돌 때, 손은 원의 중심이 됩니다. 손의 힘이 쥐불을 밖으로 나가지 못하도록 중심을 향하여 당기고 있는 것이지요. 이와 같이 회전하는 물체에 대하여 중심을 향하여 작용하는 힘을 **구심력**이라고 하는데, 이 힘은 원 운동을 하는 모든 물체에 작용하고 있답니다. 옆 그림처럼 해머던지기에서도 마찬가지이지요.

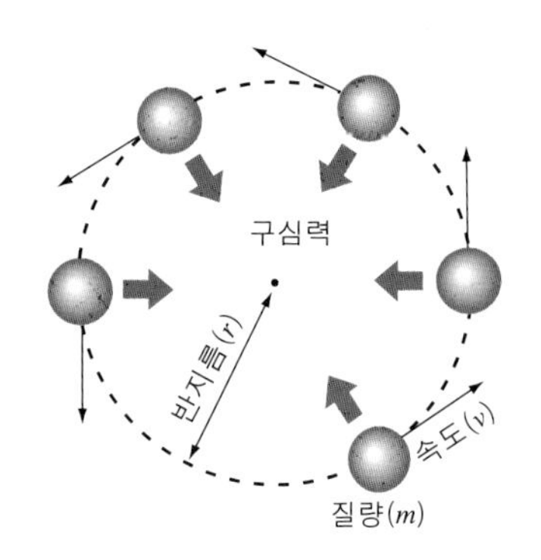

$$구심력 = \frac{질량(m) \times 속도(V)^2}{반지름(r)} = \frac{mv^2}{r}$$

인공위성의 구심력은?
지구 주위를 도는 인공위성의 운동에서 지구가 당기는 중력이 구심력 역할을 한다.

한편, 물체가 회전할 때 구심력과 반대 방향으로 작용하는 힘이 있는데, 이를 **원심력**이라 합니다. 원심력은 구심력에 대한 반작용으로 생기는 힘인데, 회전하는 물체의 질량이 클수록, 회전 속도가 빠를수록 커집니다.

그런데 원심력은 중력이나 마찰력 또는 전기력과 같이 실제로 자연계에 존재하는 힘이 아니라, 단지 사람이 느끼는 가상적인 힘이랍니다. '실제로 존재하지 않는 가상적인 힘' 이라니, 무슨 말인가 이해하기 어렵지요?

예를 들어 설명해 보겠습니다. 자동차를 타고 꼬불꼬불한 산길을 가다보면, 자동차가 회전하는 방향의 바깥쪽으로 몸이 저절로 밀려나가는 느낌을 받은 적이 있을 거예요. 이때 어떤 힘이 작용했을까요? 실제로 작용하는 힘은 없습니다. 그렇다면 차 안에 귀신이 타고 있어 사람을 미는 걸까요? 아니에요. 과학 공부하는 데 무슨 귀신이 나오겠어요. 답은 '관성' 때문입니다. 원심력은 물체의 관성 때문에 사람이 느끼는 힘이랍니다.

자동차가 회전할 때 우리의 몸을 밀거나 잡아당기는 힘은 새로운 힘이 작용해서가 아니라, 우리의 몸이 관성에 의해 원래 자동차가 나아가려는 방향으로 직선 운동(자동차가 회전하는 원의 접선 방향)을 유지하려고 하기 때문에 느끼는 힘이랍니다. 이와 같이 관성 때문에 원 운동하는 물체가 바깥쪽으로 받는 힘을 원심력이라고 합니다.

그러면 원 운동을 하는 물체에 구심력이 갑자기 없어지면 어떻게 될까요? 자동차가 커브 길에서 회전을 할 때, 구심력 역할을 하는 것은 자동차의 타이어와 지면 사이에 작용하는 마찰력입니다. 마찰력의 방향은 커브 길의 중심 쪽을 향하게 됩니다.

그런데 어느 순간 마찰력이 없어지면, 자동차는 회전 운동을 할 수 없고 **관성의 법칙**에 의해 원래 방향으로 진행하는데, 이때 자동차의 진행 방향은 원의 접선 방향입니다. 이런 현상은 비나 눈이 오는 날, 자동차가 커브 길에서 미끄러지는 모습에서 볼 수 있어요.

또한 옛날 목동이 들짐승으로부터 자신의 가축을 보호하기 위해 돌팔매질을 하는 상황을 생각해봅시다. 목동이 끝에 돌이 달린 밧줄을 돌리다가 손을 놓으면 밧줄이 날아가지요. 목동이 손을 놓으면 구심력은 없어지고, 아무런 힘을 받지 않는 밧줄은 관성에 의해 직선으로 날아가게 됩니다. 그런데 밧줄이 날아가는 방향을 잘 살펴보면 원의 중심에 대하여 직각인 방향으로 날아가는 것을 알 수 있습니다. 만약 목동이 밧줄을 계속 잡아당겨 구심력을 작용시키면 물체의 운동 방향이 힘의 방향 쪽으로 계속 변하게 되어 결국은

관성의 법칙

외부로부터 아무런 힘이 작용하지 않으면, 물체는 현재의 운동 상태를 그대로 유지한다. 즉, 정지해 있던 물체는 영원히 정지해 있고, 운동하던 물체는 원래 방향으로 등속도 운동을 한다. 이처럼 물체가 원래의 운동 상태를 그대로 유지하려는 성질을 관성이라 하며, 물체가 관성을 갖고 있다는 것을 밝힌 것이 관성의 법칙(뉴턴의 운동 제1법칙)이다.

돌을 궤도 위의 정확한 위치에서 놓았을 때 목동은 늑대를 맞출 수 있다.

원 운동을 하게 되는 것이지요.

해머던지기에서도 마찬가지의 과학 원리가 적용됩니다. 해머를 열심히 돌리다가 갑자기 손잡이를 놓으면 구심력이 사라지고, 해머는 원의 접선 방향으로 날아가게 됩니다. 이 때 해머는 구심력의 크기에 비례하여 멀리 날아갑니다.

원 운동을 하는 데 필요한 구심력은 원 운동하는 물체의 속도가 빠를수록, 질량이 클수록 증가합니다. 이 때문에 해머의 질량은 7.2kg으로 무겁고, 해머를 던지기 전에 약 다섯 바퀴 정도를 빠르게 회전하여 속도를 높이는 것입니다. 그리고 선수가 마지막 회전에서 각도를 조절하여 손을 놓는 순간 해머는 멀리 80m 이상을 날아가게 되는 것입니다.

여기서 잠깐!

사이클 경기장의 경사면

스케이트 선수나 육상 선수들은 코너를 돌면서 방향을 바꿀 때 바깥쪽으로 힘을 받는다. 이것은 관성 때문인데, 속도가 빠를수록 그리고 원의 반지름이 작을수록 효과는 더 커진다. 그러므로 속도가 너무 빨라지면, 옆으로 넘어지거나 바깥쪽으로 밀려나게 된다. 육상 선수들이 코너를 돌 때 몸이 안쪽으로 기울어지는 것은, 관성 때문에 바깥쪽으로 밀려나지 않고 제일 안쪽의 짧은 코스로 뛰기 위해서이다. 쇼트트랙 경기처럼 속도가 아주 빠르고 원형 코스의 반지름이 작은 경기에서는 몸을 많이 기울여야 하기 때문에, 넘어지는 것을 방지하고 안전하도록 한쪽 손을 바닥에 짚고 회전한다.

사이클 경기장은 선수들이 관성의 영향을 덜 받도록 도로 면이 안쪽으로 경사지도록 되어 있다.

그렇지만 사이클 경기에서는 한쪽 손을 바닥에 짚을 수 없다. 때문에 빠른 속도로 달려야 하는 사이클 경기장은 도로 면이 바깥쪽으로 높아지도록 경사지게 만든다. 그렇게 하면 자전거와 선수에게 작용하는 중력의 일부분이 구심력으로 작용하게 되어 자전거가 바깥쪽으로 튀어나가는 것을 막을 수 있다.

12

선수들의 체격이 가장 큰 올림픽 종목은?

투포환 던지기

호메로스가 쓴 서사시를 보면 트로이를 점령한 병사들이 돌 던지기 경기를 했다는 기록이 있습니다. 그리고 17세기 영국 군사들은 뇌관이 제거된 포탄을 던지는 경기를 했다고 합니다.

투포환은 이러한 역사적 배경 아래 1896년 제1회 근대올림픽에서부터 정식 종목으로 채택되었습니다. 처음에는 사방 2.135m의 정사각형에서 던지도록 했다가 1906년에 지름 2.135m의 원에서 던지는 것으로 규칙이 바뀌었고, 포환의 무게는 약 7.257kg으로 고정되었습니다.

포환을 던지는 경기는 보기에 아주 단순해 보입니다. 포환을 귀 뒤에 붙인 자세로 시작하여 두 걸음 정도 도움닫기를 한 후 팔을 뻗어 위 앞쪽으로 포환을 밀어내듯이 던지지요. 포환이 날아가는 거리는 고작 22m 남짓한 거리입니다. 해머가 80m 넘게 날아가는 것을 생각하면 짧은 거리에 불과하지만, 7.2kg의 포환을 던지기 위해서는 굉장한 힘이 필요합니다.

선수들은 주로 팔힘으로 포환을 던집니다. 무거운 포환이 21m 이상을 날아가려면 투포환 선

뮌헨 올림픽경기에서 투포환던지기 종목에 입상한 남자 선수의 평균 신장은 1.920m로 올림픽 전 종목 중 원반던지기 선수의 1.923m에 이은 장신이었다. 또 평균 체중은 120kg으로 원반던지기 선수의 111.5kg을 크게 넘어섰다.

수들은 약 70kg의 덤벨을 한 손으로 들어 올리는 것과 같은 힘을 사용해야 합니다. 그래서 올림픽에 출전한 선수들 중에서 투포환 선수들의 체격은 아주 큰 편에 속합니다.

투포환던지기 선수의 체격이 큰 까닭은 무거운 포환에 작용하는 중력을 이길 수 있는 큰 힘이 필요하기 때문입니다. 그래서 투포환던지기 선수를 선발할 때는 일단 키가 크고, 체중이 많이 나가는 사람을 뽑습니다. 세계적인 선수로 성장하기 위해서는 남자의 경우 키는 1.90m 이상, 체중은 80kg 정도는 넘어야 한다고 해요. 그러나 덩치만 크다고 해서 훌륭한 선수가 되는 것은 아니랍니다. 기술이 좋아야 합니다. 기술이 발달할수록 기록은 좋아졌는데, 이 기술에는 과학의 원리가 숨어 있습니다.

〈타임〉지 모델이 된 패리 오브라이언

처음에는 포환을 던지는 방향에서 90° 몸을 돌린 채 던지기를 시작했었습니다. 그런데 1950년대 미국의 **패리 오브라이언**Parry O' Brien이 원의 반대쪽을 보고 있다가 원을 가로질러 던지기 직전 몸을 180° 돌려 던지는 방법으로 1952년 헬싱키 올림픽에서 신기록을 세워 우승하고 1956년에는 19m의 벽까지 깨는 기록을 세웠습니다.

1970년대에 들어서면서는 아예 한 바퀴 회전하며 포환을 던지는 1회전 투사법이 러시아의 바리슈니코프Aleksandr Baryshnikov에 의해서 처음 선보였습니다. 바리슈니코프는 22m를 던지며 세계 신기록을 수립하였지요.

원심력이 크면 당연히 포환도 멀리까지 보낼 수 있습니다. 90°의 회전에 의한 원심력보다는 180° 회전에 의한 원심력이 더 크고, 한 바퀴 도는 360° 회전에 의한 원심력이 더 큽니다.

그러나 자칫 미숙한 사람들은 1회전에 의해 발생하는 원

투포환던지기 기본 자세. 투포환을 멀리 던지기 위해서는 몸을 회전시키며 원심력을 최대한 이용해야 한다.

심력이 지나쳐 발 막음대를 넘어가 버려 실격당하는 일이 발생했답니다. 따라서 아직은 오브라이언 투사법이 더 많이 사용되고 있다고 하네요.

비슷하게 원심력을 이용한 경기로 원반던지기가 있습니다. 원반던지기에서는 원심력을 최대로 하기 위해서 두 가지 방법이 사용됩니다. 몸집이 작은 대신 허리가 강한 선수들은 양발을 어깨보다 넓게 벌린 뒤 회전을 해, 회전 반경을 크게 해서 원심력을 높이는 방법을 사용합니다. 반면 근력이 좋고 체격이 큰 유럽 선수들은 회전 반경을 좁게 하는 대신 어깨에 체중을 싣고, 힘이 좋은 하반신을 이용하여 1초도 안 되는 시간에 빠른 회전으로 큰 원심력을 얻는답니다. 이것은 투포환던지기에도 응용되는 원리입니다.

회전 반경을 크게 하거나 회전 속도를 빨리하면 원심력이 커지는 과학적 원리는 무엇일까요? 우리는 앞 장에서 해머던지기 원리를 공부하면서, 원심력에 대해 배운 적이 있습니다. 그때 원심력이란, 원 운동을 하고 있는 물체에 나타나는 관성이라고 배웠어요. 또 원심력은 구심력과 크기는 같고 방향은 반대이며, 원의 중심에서 멀어지려는 방향으로 작용한다고 배웠어요. 이때 구심력 F를 식으로 나타내면 다음과 같습니다.

$$F = mr\omega^2$$

(F : 구심력, m : 질량, r: 원의 반지름, ω: 회전속도)

한편, 원심력은 구심력과 같고 방향만 반대이므로, 원심력을 식으로 나타내면 다음과 같습니다.

$$F = -mr\omega^2$$

(F : 구심력, m : 질량, r: 원의 반지름, ω: 회전속도)

위 식에서 (−)는 더하기 빼기의 (−)가 아니라 방향을 의미합니다. 즉, 구심력과 반대 방향이라는 거죠.

앞에서 '회전 반경을 크게 하거나 회전 속도를 빨리하면, 원심력이 커진다.'라고 했는데, 이 식을 보면 그 원리를 알 수 있어요. 회전 반경 r과 회전 속도 ω의 값이 커지면 원심력 F의 값은 따라서 커지는데, 특히 회전 속도 ω는 제곱에 비례하므로 더 큰 영향을 줍니다. 회전 반경을 크게 하는 것보다는 회전 속도를 더 빨리 하는 것이 더 효과적이라는 뜻이지요.

여기서 잠깐!

질량과 무게는 어떻게 다를까?

우리는 흔히 질량과 무게를 혼동해서 사용한다. 하지만 과학에서는 이 둘을 확실하게 구분하여 사용한다.

• 질량

질량의 개념을 정확하게 정립한 사람은 뉴턴이다. 뉴턴은 운동 제2법칙(가속도의 법칙)을 이용하여, 질량이란 물체가 운동의 변화에 대하여 얼마만큼 저항하느냐에 따라 달라지는 값이라고 했다. 질량이 클수록 관성이나 저항이 커지고, 주어진 힘에 의한 가속도는 작아지기 때문이다.

예를 들어 같은 속도로 움직이는 볼링공과 탁구공을 정지시키기 위해서는 볼링공에 더 큰 힘이 필요하다. 반대로 정지해 있는 볼링공과 탁구공을 움직이게 할 때에도 볼링공에 더 큰 힘이 필요하다. 이때 작용하는 힘은 볼링공과 탁구공의 질량에 비례한다. 따라서 이 힘의 크기를 계산하면 질량의 크기를 비교할 수 있다.

운동제2법칙(가속도의 법칙)

가속도는 물체에 작용한 힘에 비례하고, 질량에 반비례한다. 질량을 m, 가속도를 a, 힘을 F라고 했을 때, 운동 제2법칙은, $F = ma$라는 간단한 식으로 표현된다.

가속도

시간에 대한 속도 변화의 비율이다.

또한 다른 질량을 가진 물체에 같은 힘을 작용시키면 두 물체는 가속도가 달라진다. 질량이 큰 물체는 가속도가 작고, 질량이 작은 물체는 가속도가 크다. 따라서 한 물체의 질량을 표준으로 삼으면 같은 힘으로부터 발생되는 가속도를 비교하여 질량을 측정할 수 있다.

그러나 힘과 가속도를 측정하여 질량을 비교하는 일은 쉬운 일이 아니다. 그래서 접시저울이나 양팔저울을 사용한다. 이 경우에는 표준 질량 값을 알 수 있는 분동을 사용하여 질량을 측정한다.

• 1g은 어떻게 정할까?

1g은 한 변의 길이가 1cm인 정육면체에 담기는 물의 질량이다. 이때 기압은 1기압이고, 물의 온도는 4°C여야 한다.

• 무게

무게는 물체에 작용하는 중력이다. 따라서 물체의 무게를 잰다는 것은 그 물체에 작용하는 중력의 크기를 측정하는 것이다. 중력은 힘이므로, 무게는 힘의 단위를 갖는다.

그러면 무게는 질량과 어떤 관계가 있을까? 지구에서 질량을 가진 물체는 지구가 작용하는 중력에 의해 지구 중심으로 끌어당겨지는데, 이때 중력 가속도를 받는다. 무게는 질량에 작용하는 중력이므로, 다음과 같은 식으로 나타낸다.

$$W = mg$$

(W 무게, m 질량, g 중력 가속도)

그러므로 물체의 질량을 알면 무게는 쉽게 계산할 수 있다. 예를 들어 질량이 50kg인 사람의 무게는 $W = mg$ 식으로 계산하면 다음과 같다.

$$W = mg = 50\text{kg} \times 9.8\text{m/s}^2 = 490\text{N}$$

그런데 이 사람을 달에 옮겨 놓으면 무게는 약 82N으로 줄어든다. 달의 중력 가속도는 지구에 비해 약 1/6 정도밖에 안 되기 때문이다. 그러므로 무게는 측정하는 장소에 달라지는 값이다. 반면에 질량은 장소에 따라 달라지지 않는다.

분동

접시저울로 물체의 질량을 측정할 때, 표준 질량으로 한쪽 접시 위에 올려놓는 추이다. 보통 1g, 2g, 5g 등으로 표면에 그 질량 값이 적혀 있다. 0.1g 이하의 것은 보통 사각의 판으로 되어 있고, 한쪽 끝이 집기 편리하게 구부러져 있다. 재질은 보통은 황동이지만 고급 제품에는 백금을 사용하기도 한다.

질량과 무게의 단위 비교

질량은 g이나, kg을 사용하고, 무게는 힘이므로 힘의 단위를 사용하는데, N(뉴턴)을 많이 사용한다.

중력 가속도g

중력에 의해 물체가 가지는 가속도로 $g = 9.8\text{m/s}^2$이다. 중력 가속도는 천체에 따라 다르다. 지구보다 중력이 작은 달에서는 작게 나타나고, 지구보다 중력이 큰 목성에서는 크게 나타난다.

13

육상 던지기 종목 중 가장 멀리 날아가는 것은?

창던지기와 포물선 운동

올림픽의 육상 종목에는 던지는 경기가 네 가지 있습니다. 앞에서 말한 해머던지기, 투포환던지기, 원반던지기 외에 창던지기가 있습니다.

창던지기는 도움닫기를 이용하여 창을 멀리 날리는 경기입니다. 세계 기록으로 보면 창은 98.48m, 원반은 74.08m, 해머는 86.74m, 포환은 23.12m로, 창던지기가 다른 종목보다 훨씬 멀리 날아간다는 것을 알 수 있습니다.

그 이유가 무엇일까요? 해머던지기, 투포환던지기, 원반던지기는 모두 2.50m 안팎의 작은 원 안에서 원심력을 이용하여 던져야 합니다. 그러나 창던지기는 30m 정도의 도움닫기를 허용하고 있고, 창 무게 또한 800g으로 가장 가볍습니다. 따라서 도움닫기로 큰 가속도를 얻을 수 있고, 상대적으로 질량이 적기 때문에 멀리 날아갈 수 있는 것입니다.

창던지기 경기 모습

그러나 창던지기는 공기 저항과의 지혜로운 싸움이 필요합니다. 왜냐하면 창은 가볍고

길어 공기 저항을 많이 받기 때문이지요. 선수는 창이 최대한 포물선을 크게 그리며 멀리 날아가도록 바람의 방향까지 생각하며 던져야 합니다. 특히 맞바람이 불 때와 뒤바람이 불 때에는 창끝의 각도를 달리해야 합니다.

창던지기에 사용되는 창
창의 길이는 남자용이 260~270cm, 여자용이 220~230cm이며, 무게는 남자용이 최소 800g, 여자용이 최소 600g이다. 창끝은 금속제이며, 중심 부분의 손잡이 자리에는 미끄러지지 않게 끈이 감겨 있다.

물체를 가장 멀리까지 날아가게 하는 각도는 이론적으로 45° 정도가 되어야 합니다. 일반적으로 바람 등 외부 요인이 없다고 할 때, 물체를 던지는 각도가 45° 보다 커지거나 작아지면 날아가는 거리는 오히려 줄어듭니다. 그런데 바람이 많이 불 때는 물체를 던지는 각도가 높을수록 바람의 영향을 많이 받습니다. 특히 창과 같이 길고 가벼운 물체는 맞바람을 받으면 창끝이 들려 멀리까지 날아가지 못하기 때문에 창을 던지는 각도를 낮게 수정해야 하지요. 따라서 창던지기 선수들은 창끝의 각도를 28° 에서 33° 사이로 적절하게 조정합니다.

여기서 잠깐!

운동에 대한 아리스토텔레스의 착각

아리스토텔레스는 서양 과학사에서 약 2000년 동안 절대적인 위치를 차지했던 위대한 자연 과학자였지만 많은 오류를 범했다.
아리스토텔레스는 돌멩이나 창을 던지는 순간에는 힘을 줄 수가 있지만, 던진 후 더 이상 힘을 주지 않는데도 돌멩이가 계속 날아가는 현상에 대해 많은 고민을 했다. 여러 고민 끝에 아리스토텔레스는 손을 떠난 돌멩이나 창을 움직이는 힘은 뒤에서 미는 공기에 의해 발생한다고 설명했다. 그는 돌멩이나 창이 앞으로 날아가면서, 바로 뒤의 자리, 즉 돌멩이와 창이 막 지나온 자리는 진공 상태가 되어 그곳으로 공기가 밀려들어오게 되고, 이 공기가 뒤에서 밀어준다고 생각한 것이다.
지금 생각하면 엉뚱하고 한심한 생각이지만, 아리스토텔레스의 생각은 아주 오랜 세월 동안 사람들에게 진리처럼 여겨졌다. 아리스토텔레스의 오류를 고친 것은 16세기 말 갈릴레이에 의해서였다. 갈릴레이는 돌멩이가 계속 앞으로 날아갈 수 있는 것은 관성 때문이라고 설명했고, 나중에 뉴턴이 이를 관성의 법칙으로 증명했다.

창을 멀리 날아가게 하는 또 다른 요소는 창을 던질 때의 속도입니다. 이 속도는 도움닫기의 가속력이 25%, 창을 뿌리는 힘이 75% 영향을 줍니다. 따라서 도움닫기의 마지막에서 왼발과 허리를 이용한 회전력을 가슴, 팔, 손목까지 채찍질하듯 전달하여 강한 스냅으로 연결하는 것이 중요합니다.

1. 탄성

용수철과 같이 변형된 물체가 원래의 모양으로 되돌아가려는 성질을 탄성이라 하고, 원래의 모양으로 되돌아가려는 힘을 탄성력이라고 한다.

- **탄성체** : 용수철, 고무, 스펀지와 같이 탄성을 가진 물체
- **소성체** : 찰흙, 유리와 같이 변형된 후 원래의 상태로 되돌아가지 못하는 물체
- **훅의 법칙** : 힘의 크기가 커질수록 물체의 변형도 커지며, 탄성력도 비례하여 커진다는 법칙

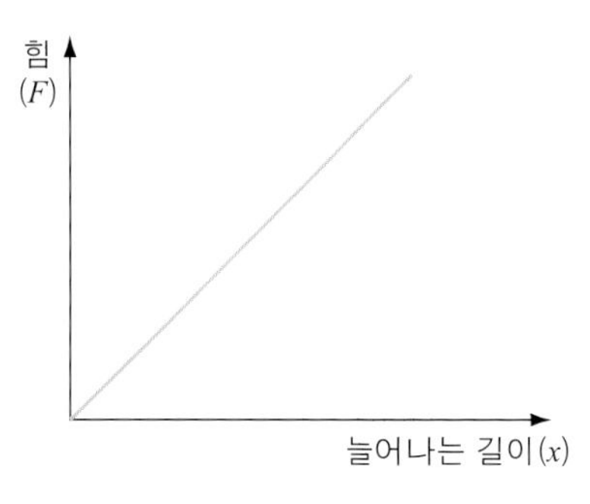

그래프로 나타낸 훅의 법칙

2. 관성

물체에 작용하는 힘이 없거나 그 합력이 0인 경우, 정지해 있는 물체는 계속 정지해 있으려 하고, 움직이던 물체는 계속 운동 상태를 유지하려는 성질이다.

3. 구심력

원 운동을 하게 되는 원인이 되는 힘이다. 구심력의 방향은 매 순간 운동하는 물체의 운동 방향에 대해 직각을 이룬다.

4. 원심력

관성 때문에 원 운동하는 물체가 바깥쪽으로 작용한다고 느끼는 힘이다.

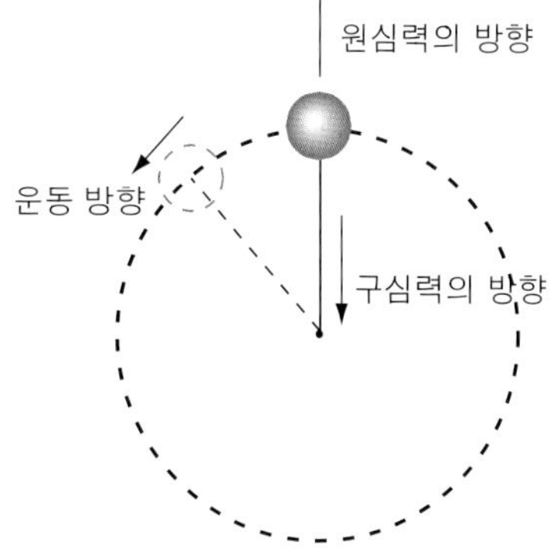

14

선수들의 건강

호르몬과 도핑테스트

얼마 전 '욘사마'로 유명해진 영화배우 배용준의 화보가 화제가 되었습니다. '겨울연가'를 비롯한 여러 드라마에서 부드러운 이미지를 보였던 그가 울퉁불퉁한 근육질의 몸매로 변신했기 때문입니다.

운동선수들은 힘을 키우기 위해 근육을 단련시킵니다. 근육은 어린이보다는 청소년기 이후 성인이, 그리고 여성보다는 남성이 더 발달합니다. 이는 근육의 발달이 성**호르몬**의 영향을 받기 때문입니다.

테스토스테론과 **에스트로겐**은 각각 고환과 난소에서 분비되는 중요한 성 스테로이드 호르몬입니다. 이 호르몬들은 생식 기능의 결정과 유지, 그리고 2차 성징을 결정하는 역할을 하지요. 그 중 테스토스테론은 단백질 합성을 자극하고 청소년기에 근육의 비율을 높여줍니다.

테스토스테론과 같은 스테로이드계 호르몬은 비교적 구조와 성분이 잘 알려져 있어 합성으로 생산해낼 수 있습니다. 오랫동안 침대에 누워 있어 근위축증이 나타나는 환자의 경우, 조직 성장을 촉진시키기 위해서 조직 합성을 자극하는 테스토스테론이 아주 유용합니다. 때문에 조직합성 기능은 극대화하고 2차 성징의 효과는 최소화하도록 만든 합

호르몬 hormone
동물의 내분비선으로부터 미량 분비되어 체내 기관의 생리적 기능을 조절하는 물질의 총칭. 1905년 영국의 스탈링이 십이지장에서 분비되는 세크레틴을 발견함으로써 알려졌다. 화학적 조성에 따라 페놀 유도체와 스테로이드 호르몬으로 분류한다.

에스트로겐 estrogen
주로 여성의 난소에서 분비되는 여성 호르몬의 일종이다. 자궁을 발달시키고 월경 등 2차 성징이 나타나도록 하고 임신한 여성의 신체적 변화와 유선관 발달을 일으키는 기능이 있다.

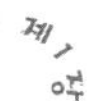

성 스테로이드가 개발되었습니다.

그런데 이 약물이 운동선수의 근육 크기와 근력을 향상시키는 데 도움이 될 수도 있다는 생각에 일부 운동선수들이 복용하기 시작했습니다. 물론 운동 기능은 엄청나게 향상되었지요.

그러나 스포츠 정신에 위배된다는 생각과 함께 합성 스테로이드의 여러 가지 부작용이 알려지면서 합성 스테로이드의 사용은 금지되었습니다.

남성이 장기적으로 합성 스테로이드를 복용할 경으 정액 생산의 감소, 정소 기능의 감소, 여성형 유방, 간 기능 부전, 감정과 행동의 변화 등이 나타나는 것이 발견되었습니다. 또한 심실벽 두께와 혈액의 성분에도 이상을 가져오며, 심장질환의 위험도 높아진ㄷ 고 합니다. 한편 여성이 합성 스테로이드를 복용할 에는 수염이 나고, 월경이 나타나지 않는 등, 남성화 용이 나타납니다.

이런 심각한 부작용이 널리 알려진 후에도 역기나 단거리 육상 종목과 같이 근력이 많이 필요한 경기에서는 합성 스테로이드가 많이 사용되었습니다. 결국 1980년대 중반에는 프로선수와 대학선수들을 약물 검사 기관에 의뢰하기에까지 이르렀는데, 이를 도핑테스트라 합니다.

도핑doping이란 운동선수가 흥분제나 근육 증강제 등의 약물을 사용하는 것을 말하고, 도핑 테스트는 약물을 주입하는 것을 막기 위한 검사입니다. 요즈음은 운동 경기뿐 아니라 병역 비리, 또는 마약 복용 여부를 조사하는 데까지 활용되기도 하지요.

도핑 테스트는 **크로마토그래피**라는 기술을 이용하여 금지

크로마토그래피 chromatography
'색(chroma)'을 '그린다(graph)'라는 뜻으로 식물의 색소를 분리하는 데 처음 사용되었다. 아주 적은 양의 물질들이 섞여 있는 혼합물도 분리할 수 있는 방법으로, 혼합물의 각 성분들이 용매에 녹아 이동하는 속도가 다른 점을 이용하여 각 물질을 분리하는 방법이다.

된 약물을 복용했는지를 검사합니다. 크로마토그래피란, 1906년 러시아의 식물학자 츠베트가 식물 잎의 색소를 분리하는 데 이용한 기술로, 각 색소 물질이 용매의 확산에 따라 이동하는 속도가 다르기 때문에 분리할 수 있다는 사실을 이용한 것입니다.

도핑 테스트에서는 검사 대상자의 혈액이나 소변을 채취하여 얻은 아미노산 용액을 실리카겔과 같은 흡착제에 흘려보내는데, 아미노산 용액은 각 호르몬에 따라 확산 속도가 달라 여러 층으로 나뉘어집니다. 이때 각 호르몬들 간의 비율이 기준치와 다를 때 약물 복용 혐의를 받게 됩니다.

도핑 테스트는 1968년 그르노블 동계올림픽 때부터 실시되었습니다. 1970년대까지만 해도 흥분제와 마약진통제 성분을 가려내던 수준이던 것이 1981년 IOC 산하에 도핑 전문기관이 만들어지면서 보다 전문화되었습니다. 근육 강화제, 부신피질 호르몬제와 성장호르몬, 이뇨제 등이 금지약물로 정해졌고, 2001년부터는 국제 반 도핑기구(WADA, World Anti-Doping Agency)의 관리하에 대상 금지약물 목록이 매년 새로 결정됩니다.

국제육상경기연맹은 금지약물을 복용한 선수에게는 18개월 이상의 출전 정지와 선수권 박탈 등 강력한 제재를 가하고 있습니다. 실제로 1988년 서울 올림픽에서는 캐나다의 육상선수 벤 존슨이 약물 복용으로 금메달을 박탈당했고, 1994년 월드컵에서는 아르헨티나의 마라도나가 에페드린이라는 물질을 복용하여 실격 처리된 적도 있습니다.

15

2% 부족할 때

땀과 기화열

열심히 운동을 하고 나면 왜 온몸에 땀이 나는 걸까요? 그것은 몸에서 발생하는 열을 낮추기 위해서랍니다.

우리의 체온은 보통 36.5°C를 유지하는데, 체온이 3°C 이상 올라가게 되면, 중추 신경계에 이상이 나타납니다. 처음에는 현기증이나 구토 증상이 일어나다가 심한 경우에는 정신을 잃게 됩니다. 체온이 43°C에서 44°C 이상이 되면 세포가 손상되어 영구적인 뇌손상으로 인해 사망에 이르는데, 이를 흔히 **일사병**이라고 부릅니다.

일사병
체내의 발열량이 많아 체온 조절이 안 되어 발생하는 병이다. 체온이 40°C 이상으로 상승하며, 땀이 나지 않고, 현기증, 두통, 정신착란, 근육마비, 중추신경 장애 등이 나타난다. 응급 처치를 하지 않으면 기관이 손상되고 심하면 사망하는 경우도 있다.

그러므로 우리 신체는 체온이 올라가는 것을 막기 위해 열을 주변으로 방출하는 기능을 갖추고 있습니다. 즉, 피부 가까운 곳으로 많은 양의 혈액을 공급하여 차가운 공기로 열을 식히는 작용을 하는 것이지요. 열심히 뛰고 난 후에 얼굴이 붉게 상기되는 것도 이러한 이유 때문입니다.

우리 몸이 열을 식히는 또 다른 방법은 땀을 발생시키는 것입니다. 땀을 흘리는 것 자체로는 체온을 낮추는 효과가 없지만, 피부 표면에 있는 땀이 대기 중으로 증발하면서 몸의 열을 빼앗아가기 때문에 피부 온도를 낮추게 됩니다. 물이 액체에서 기체로 **상**

여기서 잠깐!

물의 상태 변화와 기화열

땀을 이루는 물은 다음 그림과 같이 고체 상태인 얼음, 액체 상태인 물, 기체 상태인 수증기 등으로 상태 변화를 한다. 이때 열의 출입이 일어나고, 온도 변화가 뒤따른다.

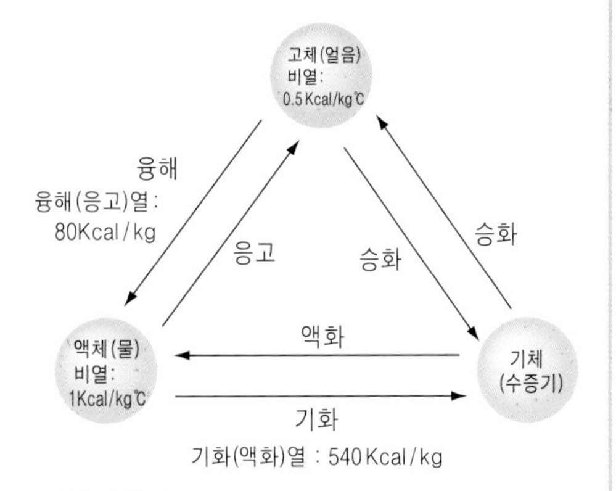

물의 상태 변화

그림에서 0°C의 얼음이 녹아 0°C의 물이 되는 과정, 즉 고체가 액체로 변하는 현상을 '융해'라 하며 이 온도를 녹는점이라고 한다. 얼음 1kg이 물이 될 때 필요한 융해열은 80kcal이다.

반대로 물이 열을 빼앗겨서 얼음으로 되는 것을 '응고'라고 하고, 응고하기 시작하는 온도를 '어는점'이라 한다. 이때 빼앗기는 열량은 '응고열'이라 하는데, 그 양은 융해열과 같다.

물이 수증기로 되는 현상을 '기화'라 하며, 액체의 표면으로부터 기화되는 현상을 '증발', 액체의 내부에서 일어나는 현상을 '끓음'이라고 한다. 물이 수증기로 상태 변화를 일으키는 온도를 '끓는점'이라고 하는데, 그 온도는 100°C이다. 이때 필요한 열을 '기화열'이라 하며, 물 1kg의 기화열은 540kcal이다. 따라서 우리 몸에서 땀이 1kg 증발하면, 우리 몸은 540kcal의 열을 빼앗기는 것이다.

한편, 고체가 액체를 거치지 않고 기체가 되거나 반대로 기체가 직접 고체가 되는 현상을 '승화'라고 하는데, 이는 드라이아이스나 나프탈렌(좀약)에서 볼 수 있다.

태 **변화**가 일어날 때 발생하는 **기화열**을 이용하는 것이지요.

그러나 땀으로 너무 많은 양의 물이 빠져나가면 사람은 탈수 현상을 일으키며 더 이상 땀도 나지 않게 됩니다. 그리고 더 이상 열을 낮출 수도 없지요.

운동선수들은 15~20분 안에 150~300ml의 수분을 소비한다고 하는데, 몸에서 약 2%의 수분만 빠져나가도 몸은 갈증을 느끼고 운동 능력은 현저히 떨어진답니다. 이런 사실에 근거해서 음료의 이름을 '2% 부족할 때'라고 붙인 제품도 나와 있지요. 따라서 운동 중에는 충분히 물이나 전해질 음료를 마셔야 할 뿐만 아니라, 운동 경기 2~3시간 전에 미리 충분한 수분 섭취를 하는 것이 좋답니다.

육상 경기 중 최장거리를 뛰는 마라톤 경기는 선수 몸무게의 8%까지 땀이 배출되는 수분 손실이 많은 경기이지요. 그래서 선수들이 경기 도중에 수분을 보충할 수 있도록 마라톤 길을 따라서 음료대가 많이 마련되어 있는 것입니다.

이온 음료와 물

이온 음료란 인체의 신진 대사에 필요한 나트륨, 칼륨, 마그네슘, 염소 등 미네랄의 이온과 당류가 소량 포함된 음료를 말합니다.

사람이 오랜 시간 운동을 할 때에는 땀에 포함된 수분과 함께 나트륨 등의 미네랄 성분도 빠져나가는데, 우리 몸에서 나트륨 등이 많이 빠져나갔을 경우에는 혈액 속에 나트륨의 농도가 낮아져 수분이 세포 내로 이동하므로, 혈액량이 감소하고 혈압이 낮아지면서 근육의 떨림 현상 등 몸에 이상 증상이 나타납니다. 따라서 미네랄 성분이 우리 몸에 빨리 흡수되기 쉬운 형태로 만들어진 이온 음료를 마시는 것이 필요한 것이지요.

이온 음료는 빨리 흡수되는 형태의 미네랄 성분을 함유하고 있어, 운동할 때 빠져 나간 체내 미네랄 성분을 효과적으로 보충해준다.

또한 이온 음료에는 빠르게 에너지원을 보충할 수 있도록 소량의 당분도 포함되어 있습니다. 따라서 운동 후, 이온 음료라 해서 너무 많이 마시는 것은 오히려 당분 섭취율이 높아져 좋지 않습니다.

맨발의 아베베와 황금 신발의 이봉주

운동화 속에 숨은 과학

1960년 로마 올림픽 마라톤 경기에서는 놀라운 기록이 수립되었습니다. 에티오피아의 아베베 비킬라Abebe Bikila라는 선수가 42.195km 전 구간을 맨발로 달려 세계 신기록을 세운 것이지요. 그러나 이제 맨발로 뛰는 마라톤 선수들은 없습니다.

선수들이 달리는 도중 발에 전달되는 충격은 엄청납니다. 그래서 과학자들은 선수들의 발과 다리를 보호하기 위해, 땀을 잘 배출하고 발에 전해지는 충격을 효과적으로 분산시키며, 무게 또한 가벼운 마라톤화를 개발하기 위해 노력한답니다. 52개의 뼈와 214개의 인대, 60개의 관절로 구성되어 있는 아주 민감한 발에 들이는 공은 대단하지요.

맨발의 마라토너 아베베 바킬라

일반 구두의 무게는 800g 정도지만, 마라톤화는 156g까지 줄어들었고, 최근 일본에서는 무게가 110g까지 줄어든 새털처럼 가벼운 마라톤화를 개발하였어요.

역대 올림픽 마라톤에서 늘 우수한 성적을 냈던 우리나라도 마라톤의 발전을 위해서 마라톤화 개발에 많은 노력을 기울이고 있어요. 얼마 전에 이봉주 선수가 신었던 마라톤화를 개발하는 데 약 2억여 원이 넘는 돈이 들었다고 합니다. 신발 한 켤레에 2억 원이라, 황금 신발이라 할 수 있을 정도지요.

이봉주 선수가 신었던 마라톤화는 러셀 메쉬라는 폴리에스테르 소재를 이중으로 사용해 발의 온도 조절을 쉽게 했어요. 마라톤 선수들이 뛸 때, 신발 내부의 온도는 섭씨 43~44°C, 습도는 95%까지 올라가는데, 이 소재는 많은 양의 공기를 머금었다가 내뿜기 때문에, 습기가 배출돼 신발 내부의 온도가 38°C까지 내려간다고 합니다.

이봉주 선수의 운동화

스포츠 과학은 신발 이외의 분야에서도 많은 발달이 있었어요. 대표적인 것이 선수들의 운동복인데, 1988년 서울 올림픽에서 미국의 그리피스 조이너Florence Griffith Joyner는 처음으로 전신 육상복을 입고 나와 금메달을 목에 걸었습니다. 이때의 전신 육상복은 예전에 입었던, 위와 아래가 분리되어 있으며 전체적으로 헐렁하던 운동복이 아니라, 피부에 밀착되고 위와 아래가 하나로 이어져 마찰을 최소화했다는 점에서 혁신적인 운동복이었지요.

전신육상복을 입고 달리는 그리피스 조이너. 오른쪽에 있는 선수의 운동복과 확연히 구별된다.

이후 전신 육상복은 피부의 온도와 공기 역학을 고려한 최첨단 운동복으로 발전하게 되었어요. 왜냐하면 정말 선수들에게 필요한 운동복은 공기와의 마찰만 줄이는 것이 아니라, 몸이 움직이기에 가장 좋은 조건을 만들어 주는 것이 되어야 하기 때문이지요. 근육이 운동하기에 최적의 상태가 되기 위해서는 어느 정도의 일정한 체온이 유지되어야 해요. 따라서 운동 중에 발생하는 땀이 체온을 계속 빼앗아버려 체온이 낮아지거나, 혹은 발생하는 열이 운동복 밖으로 빠져나가지 못해 체온이 너무 상승해서도 안 되지요. 또한 옷감이 땀을 흡수하여 무거워지면 안 되므로, 운동복은 가벼우면서도 물에 젖은 후 금방 건조되어야 해요.

현재 육상복 개발에는 세계 유수의 스포츠웨어 업체들이 참여하여 발전에 발전을 거듭하고 있답니다. 나이키에서는 2000년 시드니 올림픽 육상 400m 금메달리스트 캐시 프리먼Cathy Freeman이 입은 전신 속도복을 한층 업그레이드하여 '스위프트 수트'를 개발해냈습니다. 스위프트 수트는 근육의 열을 유지하여 폭발적인 힘을 만들어내야 하는 단거리 선수들의 신체적 특성을 고려하여 만들어졌습니다. 또 태양열을 흡수할 수 있는 어두운 색과 높은 열을 발생시킬 수 있는 소재를 사용해 피부 온도를 조절하고 공기의 저항을 최소화하도록 디자인되었어요.

아디다스에서는 '포모션'이라고 하는 전신 속도복을 만들었는데, 3차원 입체 재봉을 통해 몸에 밀착되도록 함으로써 공기의 저항을 감소시켰으며, **클라이마쿨**이라는 고기능성 원단을 사용하여 땀이 신속하게 흡수·건조되도록 하였어요. 포모션의 이런 통풍 기술은 완벽한 체온 관리로 최상의 컨디션을 유지할 수 있도록 한 것입니다.

클라이마쿨

습기 제어 능력이 뛰어나고, 통풍 기술이 결합된 새로운 직물로 비, 바람, 더위, 습도 등 어떤 기상 조건에서도 옷 내부의 온도와 습도 등 기후조건을 일정하게 유지시켜 최적의 컨디션을 유지할 수 있게 해준다.

1. 호르몬

동물의 내분비선에서 적은 양이 분비되어 체내 기관의 생리적 기능을 조절하는 물질을 말한다. 1905년 영국의 스탈링이 십이지장에서 분비되는 세크레틴을 발견함으로써 알려졌다. 호르몬은 시상하부, 뇌하수체, 갑상선, 이자, 위, 부신피질 및 수질, 생식선 등에서 분비되며, 다른 호르몬의 분비를 조절하거나, 전해질 대사, 당의 농도 조절, 소화에도 관여한다.

2. 성호르몬과 2차 성징

성호르몬은 생식기관인 정소와 난소에서 만들어지는 스테로이드계 호르몬으로, 2차 성징을 나타나게 하며 생식기관을 발달 · 유지시키는 역할을 한다. 테스토스테론, 안드로스테론 등 남성 호르몬은 정소와 부신피질에서 분비되며, 에스트로겐, 에스트라디올 등의 여성 호르몬은 난소의 여포와 부신피질에서 분비된다.

2차 성징이 나타나면 남성은 남성답게 여성은 여성답게 변하는데, 남성은 근육과 뼈가 발달하고, 수염이 나기 시작하고, 목소리도 굵어진다. 이와는 달리 여성은 뼈는 가늘어지지만 골반은 커지고, 피하지방이 풍부해져 전체적으로 부드러운 곡선을 나타낸다.

하지만 남성의 혈액 속에도 여성호르몬이, 여성의 혈액 속에도 남성 호르몬이 일부 함유되어 있으며, 그 호르몬의 양의 균형에 의하여 개인적인 체형이나 성격이 형성된다.

3. 크로마토그래피

혼합물의 각 성분들이 용매에 녹아 다른 속도로 이동되는 성질을 이용하여 각 성분들을 분리하는 방법으로, 1906년 러시아의 식물학자 츠베트가 식물의 잎 색소를 분리하는 데 처음 이용하였다.

다른 방법에 비해 조작이 간단하고, 아주 적은 양도 분리할 수 있으며, 성분 물질 수와 종류를 알 수 있다. 종류로는 흡착제에 따라서 헬륨 등이 사용되는 기체 크로마토그래피와 산화알루미늄 등이 사용되는 고체 크로마토그래피, 에탄올의 혼합물 등이 사용되는 액체 크로마토그래피 등이 있으며, 조작 형식에 따라 얇은 막 크로마토그래피, 관 크로마토그래피 등으로도 구분된다.

2장

구기 종목 속에 숨어 있는 과학

중학교 1 빛–빛의 성질
소화와 순환–영양소
힘–여러 가지 힘

중학교 2 여러 가지 운동

중학교 3 일과 에너지
물의 순환과 날씨 변화
–기압과 바람

1

투수들의 무덤, 쿠어스 필드

날씨와 기압

화창한 날에 야구장에서 야구 경기를 보는 것은 신나는 일입니다. 경기장에서 따뜻한 햇살과 시원한 바람을 맞으며 응원하는 것도 재미있는 일이지만, 이런 날씨에는 홈런과 안타가 많이 나올 것 같아 더욱 흥미진진하거든요.

실제로 날씨가 맑은 날에는 날씨가 흐릴 때보다 **비거리**가 길어 안타나 홈런이 나올 확률이 더 높아진다고 합니다. 왜 그럴까요?

비거리
물체가 날아가는 거리를 말한다. 비거리는 물체가 던져진 각도에 따라 큰 영향을 받으며, 공기의 밀도, 바람의 방향과 세기에도 관계가 있다.

날씨가 흐리면 공기 중의 수증기량이 많아져 공이 날아갈 때 공기의 저항을 많이 받습니다. 따라서 안타나 홈런이

화창한 날에는 안타나 홈런이 많이 나온다.

적게 나옵니다. 반대로 맑은 날은 저항을 적게 받으니까 공이 멀리 날아갈 수 있는 것이지요.

뿐만 아닙니다. 야구공이 받는 저항은 날씨 외에도 경기가 열리는 경기장의 위치에도 큰 영향을 받습니다. 공기는 지구가 잡아당기는 중력의 영향을 받아, 지구에 붙들려 있습니다. 따라서 높이 올라갈수록 중력이 작아지고, 중력으로 붙들려 있는 공기의 양도 적어 **공기의 밀도**가 희박해집니다. 그러므로 야구장이 높은 곳에 있을수록 날아가는 야구공은 공기의 저항을 덜 받아 멀리갈 수 있는 거지요. 일반적으로는 고도가 100m 높아질 때마다 공이 날아가는 거리, 즉 비거리는 약 0.7m 정도 더 늘어난다고 합니다.

공기의 밀도
표준 공기의 밀도는, 온도 20°C, 대기압 1013hPa, 습도 75% 상태에서의 공기의 밀도이다. 약 1.2045kg/m³이다.

믿어지지 않는다고요? 그러면 예를 들어보겠습니다. 우리나라 부산의 사직구장은 해발 고도 0m의 위치에 있습니다. 반면에 미국의 콜로라도 로키스의 홈구장인 쿠어스 필드는 미국에서 가장 고지대에 있는 경기장으로, 해발 고도 1,600m에 위치해 있습니다.

쿠어스 필드에서는 부산의 사직구장에서보다 공이 약 14m 정도 더 날아간다고 합니다. 이때 공이 날아가는 속도도 커져서 수비수들이 공을 잡기도 힘들다고 합니다. 이런 경기장에서는 공을 던지는 투수보다는 아무래도 타자가 더 유리하겠지요. 그래서 쿠어스 필드는 '투수들의 무덤'이라는 별명을 가지고 있기도 합니다.

미국 프로야구팀 콜로라도 로키스의 홈구장인 쿠어스 필드는 1995년 설립되었으며 수용 인원은 52,000명이다.

우리나라의 최다 홈런 양산 구장은 대구구장입니다. 대구구장은 다른 야구경기장에 비해서 크기가 작기도 하지만, 대구의 지형 때문에 홈런이 많이 나오지요. 대구는 전형적인 **분지** 지형으로 여름철에는 특히 기온이 높아집니다. 기온이 높으면 기체의 부피가 늘어나기 때문에 공기 밀도가 낮아져 야구공이 날아가는 비거리가 당연히 길어집니다.

분지
주위가 산지로 둘러싸인 낮고 편평한 지역이다. 분지는 둘러싸인 산지 때문에 공기의 흐름이 원활하지 못하여 가열된 공기가 정체되어 기온이 높아진다.

여기서 잠깐!

온도에 따른 공기 밀도 계산하기

표준 상태의 공기 밀도를 알면, 1기압일 때 온도에 따른 공기의 밀도는 다음과 같은 식으로 계산할 수 있다.

$$\text{온도 } T^{\circ}\text{C 일 때의 공기의 밀도} = (\text{표준 상태 공기 밀도}) \times \frac{273}{273+T}$$

예를 들어, 30˚C 때의 공기의 밀도는 다음과 같이 구할 수 있다.

$$\text{온도 } 30^{\circ}\text{C일 때의 공기의 밀도} = (\text{표준 상태 공기 밀도}) \times \frac{273}{273+30}$$
$$= 1.20 \times \frac{273}{303}$$
$$\fallingdotseq 1.08\ \text{kg/m}^3$$

2

야구 선수들이 눈 밑에 검정 테이프를 붙이는 까닭은?

빛의 성질

햇빛이 강하여 눈부심이 심한 날엔 야구 선수들은 눈 밑에 검정색을 칠하거나 검정색 테이프를 붙입니다. 야구 선수들은 과학을 배우지 않아도 오랜 경험으로 검정색은 빛을 흡수하는 성질이 있다는 것을 알고 있기 때문이지요. 검정색은 강한 직사광선이 눈 밑에서 반사되는 것을 흡수하므로 눈이 덜 부시고, 시야 확보가 쉽습니다.

빛은 물체에 부딪히면 **반사**되는 성질이 있습니다. 보통의 물체는 보기에는 표면이 매끄러워 보여도 자세히 보면 울퉁불퉁합니다. 따라서 햇빛이 비치면 물체의 표면에서 반사된 빛이 제각기 여러 방향으로 흩어지므로 눈이 부시지 않습니다. 이러한 것을 **난반사**라고 합니다.

그런데 거울처럼 표면이 매끄러운 물체의 경우, 입사된 빛이 모두 같은 방향으로 반사되므로 눈에 들어오는 빛의 양이 많아져 눈이 부시게 되지요. 이런 경우를 **정반사**라고 합니다.

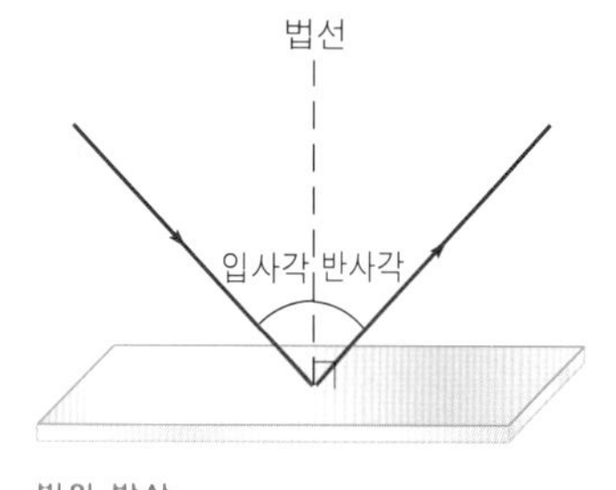

빛의 반사
빛이 진행하다 다른 물질을 만나 경계면에서 되돌아가는 현상이다. 빛의 반사를 말할 때는 법선, 입사각, 반사각이란 용어를 쓴다. 이때 법선은 경계면에 수직인 직선을 말한다.

사람의 피부 자체는 매끄럽지 않지만, 피부에 있는 소량의 기름기와 운동 경기 중에 발생하는 땀 때문에 햇빛의 반사율이 높아집니다. 따라서 피부가 햇빛을 받으면 이 기름

여기서 잠깐!

정반사와 난반사

평면거울과 같이 표면이 매끄러운 물체에 평행한 빛이 입사하면 빛의 입사각이 모두 같으므로 반사각도 같아져서 반사되는 빛이 평행하게 반사된다. 따라서 반사된 빛이 오는 방향이 아니면 물체가 보이지 않는데, 이를 '정반사'라고 한다.
예를 들면 거울의 표면에 수직으로 서서 거울을 보면 거울 속에 나의 모습이 보이지만, 거울의 표면에 대하여 비스듬하게 서서 거울을 보면 거울 속에 나의 모습이 보이지 않는다.
그런데 울퉁불퉁한 보통의 물체에 평행한 빛이 입사하면 입사각이 제각기 다르므로 반사되는 빛이 여러 방향으로 흩어진다. 반사된 빛이 여러 방향으로 흩어지는 것을 '난반사'라고 하며, 물체가 어느 방향에서나 보이는 것은 빛이 여러 방향으로 반사되기 때문이다.

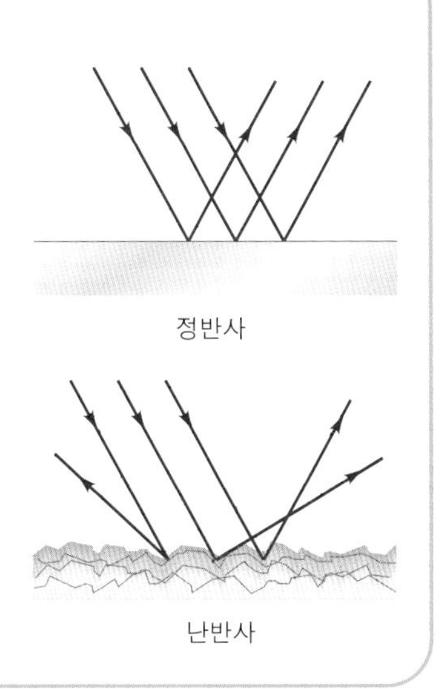

기로 인해 햇빛이 더 많이 반사되어 눈에 비치게 되고, 시야에 방해가 됩니다. 눈 밑의 검정색은 이러한 햇빛의 반사를 줄여 눈에 도달하는 빛의 양을 줄이는 역할을 합니다. 햇빛을 흡수해버리는 것이지요. 그렇다면 검정색이 햇빛을 흡수하는 까닭은 무엇일까요? 이를 알기 위해서 우리는 먼저 햇빛의 정체를 알아야 합니다.

우리에게 끝없이 많은 에너지를 보내주는 태양 빛은 **백색광**으로 그냥 하얗게 보이지만 실제로는 빨강, 주황, 노랑, 초록, 파랑, 남색, 보라의 일곱 가지 색이 모인 것입니다. 빛이 일곱 가지 색으로 되어 있다는 사실은 뉴턴이 처음 밝혀낸 사실로 그 전에는 아무도 몰랐습니다.

백색광
태양 광선과 같이 색이 없어 보이는 빛으로 여러 가지 색이 포함된 빛을 말한다.

여름철 저녁 무렵에 갑자기 쏟아진 소나기가 뚝 그치고 햇빛이 나면 동쪽 하늘에 크고 높은 **쌍무지개**가 생기는 것을 어릴 적에 자주 보았습니다. (지금은 대기 오염이 심해 무지

쌍무지개가 뜬 모습

개를 자주 볼 수가 없어요.)

무지개는 공기 중에 떠 있는 작은 물방울에 의한 빛의 **분산 현상**으로 생깁니다. 무지개를 볼 수 없다면, 햇빛이 강한 맑은 날, 해를 등지고 서서 분무기로 물을 공중에 뿜어 보세요. 작은 무지개를 볼 수 있을 거예요.

빛의 분산
빛이 프리즘 등에 의해 여러 가지 색으로 나누어지는 현상

무지개를 통해서 빛은 일곱 가지 색으로 이루어진 것이라는 것을 확실히 알았죠? 또한 우리가 물체를 여러 가지 색깔로 볼 수 있는 것은 빛이 일곱 가지 색으로 이루어져 있기 때문이에요.

귤이 주황색으로 보이는 까닭도 빛의 조화 때문입니다. 주황색의 귤은 주황색 빛만을 반사하고, 나머지 색의 빛은 흡수하기 때문이지요. 귤에 반사된 주황색 빛이 우리 눈에 들어오면 "아! 저 귤, 맛있게 주황색으로 참 잘 익었네."라고 느끼게 하는 것이지요. 빨간색 장미가 너무 예쁘다고요? 그건 장미가 빨간색만 반사하고 나머지는 흡수하기 때문에 빨갛게 보이는 것입니다.

그럼 검은색은 어떻게 된 걸까요? 검다는 것은 아무 빛도 내보내지 않고, 우리 눈이 아무 빛도 느끼지 못한다는 것을 의미해요. 즉, 우리가 검은색으로 보는 것은 물체가 아무런 빛도 내보내지 않기 때문이에요. 모든 색의 빛을 흡수해버리거든요.

반대로 흰색의 물체는 모든 색의 빛을 반사하기 때문에, 우리가 태양빛을 보는 것과 비슷하게 모든 색의 빛을 합하여 보는 것이랍니다.

햇빛이 눈부신 날, 야구 선수들이 눈 아래에 붙인 검정색 테이프는 모든 색의 빛을 흡수하기 때문에 선수들의 눈에

들어오는 빛의 양을 줄여줘, 시야에 방해받지 않고 경기를 할 수 있도록 도와주는 것이지요. 야구 선수들은 참 똑똑하지요?

여기서 잠깐!

쌍무지개의 정체

비가 개인 후 쌍무지개가 뜬 모습을 보면 가슴이 설렌다. 어릴 적 추억이 담겨 있는 쌍무지개를 과학의 눈으로 살펴보자.

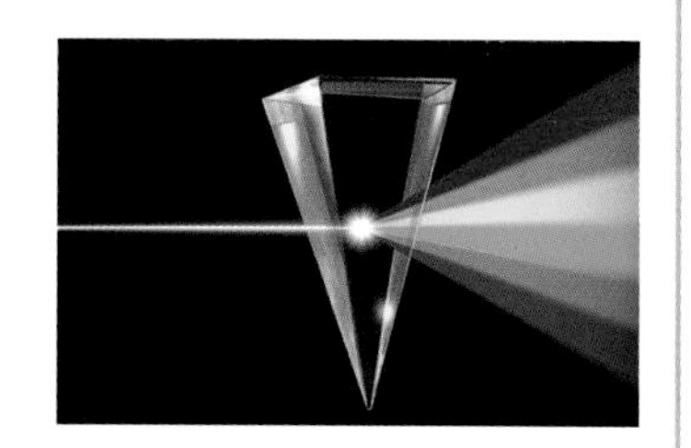

1. 가시광선을 프리즘에 입사시키면 파장이 긴 빨강색 빛보다 파장이 짧은 보라색 빛의 굴절률이 더 크기 때문에 다음 그림처럼 분산된다.
2. **1차 무지개** : 아래 그림 (1)과 같이 물방울 위쪽으로 들어가는 햇빛은 굴절하여 분산되고, 물방울과 공기의 경계면에서 반사되었다가 다시 굴절되어 나와서, 햇빛에 대하여 보라색 빛은 40°, 빨강색 빛은 42°의 각도를 이루고, 그 사이에 나머지 색이 각각의 각도를 이루며 나온다.
3. **2차 무지개** : 아래 그림 (2)와 같이 햇빛이 물방울 아래쪽으로 들어가면 햇빛은 물방울 속에서 굴절, 분산된 후, 두 번 반사를 한 후에 나온다. 따라서 빛의 세기가 약해지고, 빨강색 빛은 햇빛과 50°, 보라색 빛은 54°의 각도를 이루는 방향으로 나타나 1차 무지개와는 반대의 색깔이 나온다.

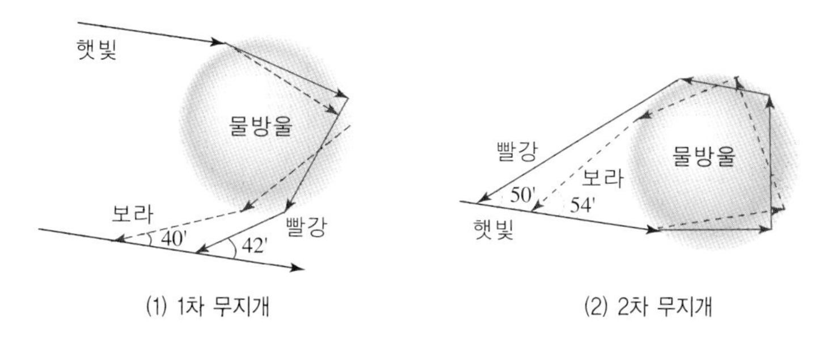

(1) 1차 무지개　　(2) 2차 무지개

3

공포의 외인구단

충격량과 운동량

어릴 때, '까치'라는 만화 주인공을 아주 좋아한 적이 있습니다. 까치는 야구에 대해 천재적인 소질이 있으면서도 불우한 환경 때문에 갖은 고생을 합니다. 목숨을 걸고 사랑했던 엄지마저 라이벌 마동탁에게 빼앗기지요. 부상으로 야구를 그만둔 까치는 외인 구단에서 혹독한 훈련을 받은 끝에 혜성처럼 다시 야구계에 등장하여 마동탁 선수와 숙명의 대결을 펼칩니다. 영화로도 만들어진 이 만화에는 특별한 능력을 가진 선수들이 여럿 나오는데, 그 중에서 한 팔로도 홈런을 펑펑 쳐냈던 선수가 기억에 남습니다.

홈런 타자들은 가늘어 보이는 방망이를 가지고 빠르게

만화 〈공포의 외인구단〉

날아오는 공을 쳐냅니다. 멀리까지 공을 보내는 장타를 치려면 방망이로 공을 세게 치면 됩니다. 또 방망이에 끝까지 힘을 실어야 한답니다. 방망이가 공에 부딪치는 시간도 중요하기 때문이지요.

방망이로 야구공을 치는 것을 과학에서는 힘의 작용이라고 합니다. 또 방망이가 야구공에 부딪히는 것을 충격이라고 합니다. 그리고 작용한 힘(방망이가 야구공을 치는 힘)과 작용한 시간(방망이가 야구공에 부딪히는 시간)을 곱한 값을 **충격량**이라고 합니다.

충격량이 클수록 물체의 **운동량**도 많이 변한답니다. 공이 방망이와 접촉하는 시간은 불과 0.035초에 불과합니다. 타자가 스윙 동작을 끝까지 힘차게 유지하는 것을 팔로우 스로우follow throw라고 하는데, 방망이에 끝까지 힘을 실어 공과 접촉하는 시간을 길게 할수록 충격량이 커지고, 충격량이 커지면 운동량이 많아져 야구공은 멀리 날아갈 수 있습니다. 운동량과 충격량의 관계를 식으로 나타내면 다음과 같습니다.

$$\text{충격량} = \text{운동량의 변화량}$$
$$F \times t = m \times (v_1 - v_2)$$

(F : 방망이의 힘, t : 방망이와 공이 부딪히는 시간, m : 야구공의 질량, v_1 : 나중 속도, v_2 : 처음 속도)

따라서 홈런을 치려는 야구 선수들은 공을 멀리 날리기 위해서 가능한 힘차게 풀 스윙을 한답니다. 그리고 방망이도 무거운 것을 사용하면 야구공에 더 큰 충격량을 줄 수 있습니다. 미국 메이저리그의 전설적인 홈런 타자 **베이브 루스**Babe Ruth는 1.3kg 정도 질량이 나가는 방망이를 사용했다고 합니다.

충격량 impulse
물체의 운동을 변화시킬 수 있는 양이다. 물체에 어떤 힘이 일정 시간 작용하여 충격을 가하면 물체의 운동 상태가 변하므로 운동량에 변화가 생긴다. 따라서 충격량은 운동량의 변화량으로 나타낸다.

운동량(p) momentum
물체의 운동 상태를 나타내는 값이다. 어떤 질량(m)을 가진 물체가 얼마만큼의 속도(v)를 가지고 있는지에 따라 달라진다. 식으로 나타내면, $p = mv$이다.

베이브 루스 Babe Ruth
1895~1948
미국 보스턴 레드 삭스와 뉴욕 양키즈 등에서 활약한 타자. 1920년부터 1945년 은퇴할 때까지 홈런과 타점에 있어 역대 2위의 기록을 세웠으며, 11회에 걸쳐 홈런왕에 등극하기도 했다.

그러면 체격이 작고, 힘이 부족한 선수는 홈런을 칠 수 없을까요? 아닙니다. 이들은 힘 대신에 아주 빠른 속도로 방망이를 휘둘러 홈런이나 장타를 칩니다. 따라서 방망이를 빨리 휘두르기 위해서 질량이 가벼운 방망이를 선호합니다.

실제로 1990년대 타율이 높았던 타자들이 사용한 방망이는 1kg이 되지 않는 가벼운 것이었습니다. 미국의 메이저리그 선수들은 더 빠른 스윙 속력을 내기 위하여 자신의 방망이를 가볍게 만드는 편법을 사용하기도 했습니다. 나무로 만든 방망이의 속을 파내고 그 안에 가볍고 **탄성**이 좋은 코르크 등의 물질로 채워 넣은 것이지요. 그러나 내부를 변형시킨 방망이는 충격에 약하여 경기 도중 부러지는 일이 있어 지금은 안전상 사용을 금지하고 있습니다.

탄성 elasticity
힘을 가하면 물체의 모양이 변했다가, 힘이 없어지면 다시 자신의 원래 모습으로 돌아가는 성질이다. 물체가 얼마나 탄성이 있느냐 하는 정도는 충돌 전후의 상대적인 속도를 측정하여 계산한다. 즉, 충돌 후의 속도를 충돌 전의 속도로 나눈 값을 반발계수라고 하는데, 반발계수가 1에 가까울수록 탄성이 높은 것이다.

가볍고도 단단한 방망이에 대한 소망은 방망이를 만드는 소재를 바꾸어 놓았습니다. 알루미늄 배트가 만들어진 것이지요. 1969년에 미국에서 처음 시판된 알루미늄 배트는 점차 널리 사용되었습니다. 그러나 배트에 맞은 공이 너무 빠르고 멀리 날아가 야구 선수들의 부상 위험이 커지게 되자 프로야구에서는 사용을 금지했습니다. 그래서 프로야구에서는 나무 방망이를 사용해야 한다는 규정이 있습니다. 그러나 단일 목재로 이뤄진 방망이의 길이와 굵기에 대한 규정만 있을 뿐, 질량이나 나무 종류에 관한 규정은 없기 때문에 선수들은 자기에게 알맞은 질량의 방망이를 사용하여 속도를 조절합니다.

타자가 쳐낸 공이 얼마나 멀리 날아갈 수 있는지를 결정하는 또 하나의 요인은 공의 탄성입니다. 야구공은 방망이에 부딪히는 순간 심하게 찌그러지지만, 반대 방향으로 튕겨 나가면서 원래의 모양대로 되돌아오지요.

야구공의 내부는 탄성이 서로 비슷한 코르크와 고무 그리고 모직실로 되어 있습니다. 야구공이 탄성이 아주 좋은 순수한 고무였다면, 타자가 쳐낸 거의 모든 공은 홈런이 되었을지도 모르지요. 야구공의 재료가 바뀐 1920년대 이전과 이후에는 메이저리그의 기록이 많이 달라졌다고 합니다. 1919년에는 446개의 홈런이 나왔는데, 1921년에는 937개나 되는 많은 홈런이 만들어졌다고 해요. 따라서 야구공은 일정한 크기의 탄성을 가지도록 하기 위해서 코르크와 고무 그리고 모직실의 양을 일정하게 정해놓았답니다.

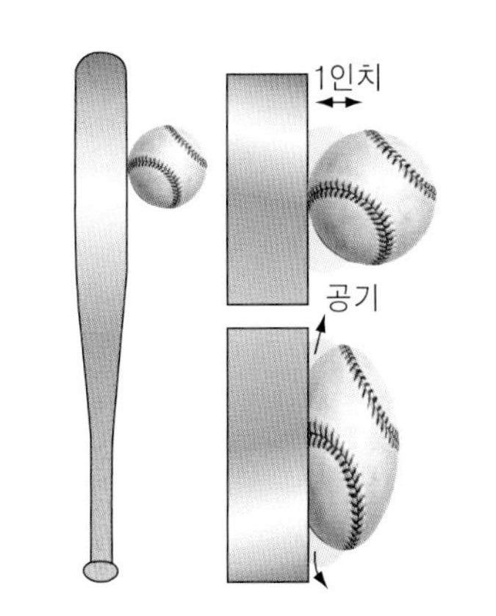

공은 배트에 맞는 아주 짧은 시간 동안 1인치 정도나 찌그러지며 바로 다음 순간 반대 방향으로 튕겨나간다.

여기서 잠깐!

야구공의 구조와 특징

야구공은 코르크, 고무로 만든 심에 양모로 만든 실과 면실을 감아 흰색의 말가죽이나 쇠가죽 두 조각으로 단단하게 싸서 만든다. 두 조각의 가죽은 218번 꿰매는데, 여기서 108개의 실밥이 만들어진다. 이렇게 완성된 야구공의 질량은 141.7~148.8g이며, 둘레는 22.9~23.5cm 이다.

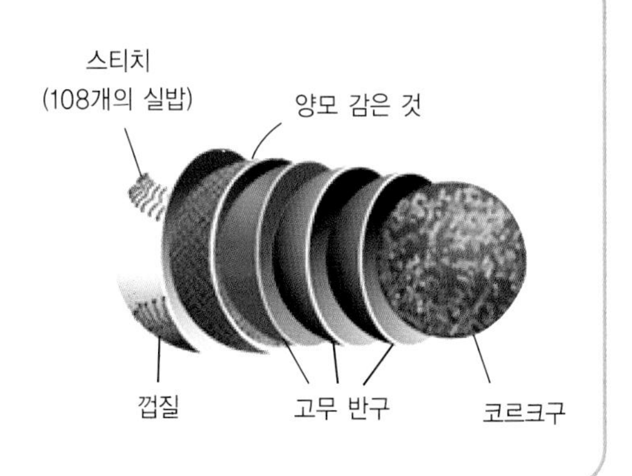

4

방망이도 부러뜨리는 공을 덜 아프게 받으려면

충격량은 힘과 시간의 곱이다

움직이는 모든 물체는 운동 에너지를 가지고 있습니다. 날아가는 야구공도 마찬가지입니다. 빠른 속도로 날아오던 공이 야구 방망이에 맞으면 야구공은 찌그러졌다가 튕겨 나가고, 그 충격으로 방망이는 진동하게 됩니다. 진동은 공이 부딪힌 점으로부터 시작하여 전체로 퍼져나가는데, 방망이의 어느 한 점에서는 진동이 없어집니다. 이곳을 **스위트 스폿**sweet spot이라고 부릅니다.

스위트 스폿 sweet spot
방망이 끝에서 17cm 지점. 이 지점에 공을 정확히 맞히면 작은 힘으로도 멀리 공을 날릴 수 있다.

이 부분으로 공을 치면 진동이 없어지고 방망이를 잡은 손에는 충격이 전달되지 않습니다. 그리고 이 점에서는 방망이의 에너지가 진동에 의해 소모되지 않으므로 더 많은 힘이 공에 전달되지요. 그러나 빗맞게 되면 방망이가 크게

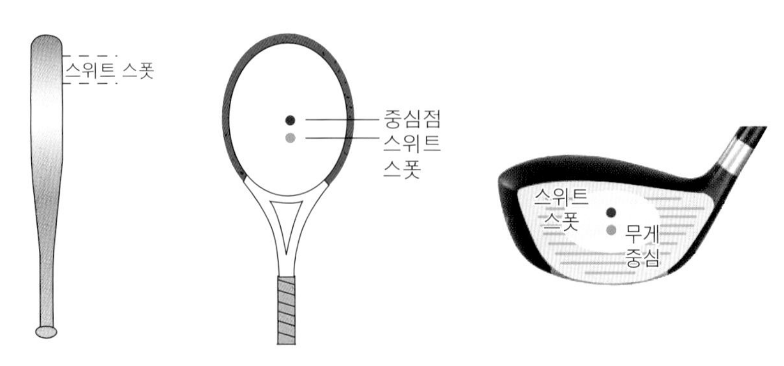

각 운동 기구의 스위트 스폿

진동하고 이 에너지를 이기지 못하면 결국 부러지고 말지요. 그런데 방망이를 부러뜨릴 수도 있는 빠른 공을 포수들은 어떻게 받아내는 걸까요?

공을 받는 모든 수비수들은 글러브를 사용합니다. 글러브는 공을 더 잘 잡을 수 있도록 손의 면적을 넓혀주기도 하지만, 공을 받을 때의 충격으로부터 손을 보호합니다. 투수의 유난히 빠른 공을 잡아야 하는 포수는 다른 글러브를 사용합니다.

포수의 글러브는 미트mitt라고 부르는데, 미트는 두터워서 충격 흡수가 잘되고, 속이 깊어서 공이 잘 빠지지 않습니다. 내야수들의 전력 송구를 받아야 하는 1루수도 미트를 사용하지요.

미트(왼쪽)와 글러브(오른쪽)

투수와 내·외야수는 글러브glove를 사용하는데, 내야수의 글러브는 받은 공을 글러브에서 빨리 빼내는 것이 중요하기 때문에 비교적 작고 얇은 것을 씁니다. 반면 외야수들은 높게 날아오는 공을 잡는 경우가 있기 때문에 팔의 길이를 연장하기 위해 긴 글러브를 사용하지요. 투수들은 공을 던지기 전인 셋업 자세 때에 상대 타자나 주자가 구질을 눈치 채지 못하도록 공을 받는 부분이 막혀 있는 글러브를 사용한답니다.

글러브 외에도 포수들이 공을 덜 아프게 받는 비법이 있습니다. 빠른 속도로 날아오는 공을 잡을 때 손을 앞으로 뻗었다가, 공이 손에 닿는 순간 다시 뒤쪽으로 움직이는 것이지요. 이러면 충격이 훨씬 적게 느껴집니다.

그러면 포수가 미트를 사용하고, 손을 앞으로 뻗은 후 뒤로 움직이면서 공을 잡는 까닭은 무엇일까요? 여기에는 과학적인 원리가 숨어 있답니다.

이 원리는 운동량의 변화와 충격량의 관계에서 찾을 수 있습니다. 미트의 푹신한 부분이나, 손을 뒤로 빼면서 야구공을 잡는 것은 모두 공을 잡는 데 걸리는 시간을 연장시키는 역할을 합니다. 우리는 앞에서 충격량은 힘과 작용 시간(충돌하는 데 걸린 시간)의 곱으로 나타낼 수 있다고 배웠지요.

$$충격량 = F \times t$$

(F : 힘, t : 작용시간)

위 식을 가만히 보세요. 여기에서 같은 양의 충격량이라면 어떻게 했을 때 부딪히는 힘이 작을까요? 충격량의 값이 일정하다고 할 때, 시간 t의 값을 크게 하면 힘 F가 작아진답니다. 따라서 부딪힐 때의 힘은 시간을 길게 할수록 작아지겠지요?

이러한 원리는 생활 주변에서 많이 볼 수 있습니다. 가장 대표적인 것이 자동차 충돌 사고 때에 충격을 줄이기 위해 사용되는 에어백이나 범퍼입니다.

또 높은 곳에서 뛰어내릴 때 우리의 다리 동작에서도 살펴볼 수 있습니다. 발이 땅에 닿는 순간 우리는 다리를 구부립니다. 만약 다리를 곧게 편 상태로 뛰어내리면 발목과 무릎에 충격이 옵니다. 다리를 구부리면 발이 땅에 닿는 시간(운동량이 감소하는 시간)은 다리를 펼 때보다 10~20배로 길어집니다. 따라서 다리뼈에 가해지는 힘은 10~20배로 작아지지요.

유리컵이 푹신한 카펫에 떨어졌을 때 깨지지 않는 것은 푹신한 카펫 때문에 충돌 시간이 길어져, 유리컵이 작은 힘을 받기 때문입니다.

5

슈퍼스타 감사용

왼손잡이 투수가 유리한 이유

2004년 〈슈퍼스타 감사용〉이란 영화가 개봉되었습니다. 영화는 프로야구가 처음 시작되던 해, 꼴찌 팀이었던 삼미 슈퍼 스타즈의 한 투수에 관한 이야기였습니다. 영화의 주인공인 감사용 선수는 원래 삼미특수강 창원 공장 직원이었습니다. 취미 삼아 야구를 즐기던 그는 삼미 팀이 창원으로 전지훈련을 왔을 때, 팀 연습을 도와주다가 당시 삼미 팀의 감독이었던 박현식 감독의 권유로 프로야구 선수가 되었습니다. 감사용 선수가 선발된 가장 큰 이유는 그가 왼손잡이 투수였기 때문이었습니다.

대부분의 사람들은 오른손잡이입니다. 약 90% 이상이 오른손을 주로 사용하지요. 이것은 야구 선수의 경우에도 마

영화 〈슈퍼스타 감사용〉

찬가지입니다. 대부분의 투수와 타자들도 오른손잡이지요.

오른손을 쓰는 타자는 왼손을 밑으로 오른손을 위로하여 배트를 잡습니다. 왜 그럴까요?

효과적인 타격 자세는 힘보다 정확성이 중요합니다. 큰 배트 속력을 얻기 위해서 힘껏 스윙을 하는 것도 필요하지만 공을 맞추지 못하면 아무 소용이 없기 때문이지요. 오른손잡이는 오른손을 쓸 때 가장 정확한 조절을 할 수 있습니다. 따라서 스윙할 때 오른손으로는 위치와 속도를 조절하며 밀고, 왼손으로는 배트를 당기면서 더 큰 **토크**를 제공하게 되지요. 좌우 손이 반대 위치에 있을 때에는 왼손도 당기는 동작을 하기 힘들며, 오른손도 조종을 자유롭게 할 수 없게 됩니다.

토크
회전축에 작용하는 중심 축 주위의 짝힘.

야구 선수는 왼손으로 배트를 잡아당겨 스윙 동작을 만들어낸다.

오른손잡이 타자를 상대할 때는 오른손 투수보다 왼손 투수가 더 유리하다고 해요.

투수가 공을 던지는 마운드에서 홈 플레이트까지의 거리는 18.44m입니다. 만약 투수가 시속 140km의 속력으로 공을 던지면 공은 약 0.47초 정도의 짧은 시간에 포수에게 도착됩니다. 이때 오른손 타석에서는 오른손잡이 투수의 투구 폼이 아주 잘 보이지요. 오른손잡이 투수는 와인드업한 후 어깨 뒤에서 나오는 팔의 모양이 일찍 보입니다. 하지만 왼손잡이 투수의 경우 반대편 어깨가 가려져서 투구 폼이 약간 늦게 보이게 됩니다. 그래서 왼손잡이 투수가 던진 공은 오른손잡이 투수가 던진 공보다 속력이 훨씬 빠르게 느껴진답니다. 공은 아주 짧은 시간 안에 타자의 눈앞을 지나가기 때문에 0.1초의 작은 시간차라도 타자에게는 공을 칠 수 있느냐 없느냐 하는 큰 차이가 생기게 되지요.

따라서 오른손잡이 타자를 상대하려면 오른손잡이 투수

보다 왼손잡이 투수가 더 유리하게 되는 것입니다. 이상훈, 구대성 선수들은 모두 왼손잡이 투수로 유명하지요. 그리고 좋은 성적을 내려는 야구팀들은 모두 훌륭한 왼손 투수를 구하려고 힘쓰고 있답니다.

오른손잡이와 왼손잡이

우리는 자주 사용하는 손에 따라 오른손잡이, 왼손잡이를 구분합니다. 오른손잡이는 글을 쓰거나 야채를 써는 등의 섬세한 동작을 할 때 오른손을 사용하고, 왼손은 지지하거나 버티는 등의 단순하지만 힘이 요구되는 동작에 사용합니다.

대부분의 사람들은 오른손잡이이기 때문에 일상생활에서 사용하는 물건들은 대부분 오른손잡이들을 위해 설계된 것들이 많아요. 예를 들면, 오른손잡이들은 손목시계를 왼손 손목에 차고 오른손으로 태엽을 감습니다. 따라서 태엽은 시계의 오른쪽 옆면에 있지요. 그리고 운동경기의 규칙도 오른손잡이들이 편리하도록 정해진 것이 많습니다.

오른손잡이 시계와 왼손잡이 시계는 태엽의 위치가 다르다.

손을 사용할 때 주로 사용하는 손이 있는 것처럼, 다리를 사용할 때에도 주로 사용하는 다리가 있습니다. 물론 양쪽 발을 똑같이 자유자재로 사용할 수 있으면 더 좋겠지만, 대부분의 사람들은 공을 찰 때 방향 전환을 하거나 공격이나 슛을 하면서 주로 오른발을 사용하지요.

야구 경기에서 1루부터 2루, 3루를 지나 홈까지 들어오는 방향은 시계 반대 방향입니다. 즉, 타자가 공을 치고 달려나가는 1루의 방향이 홈에서 보면 오른쪽에 위치하고 있지요. 이는 선수 대부분이 오른발잡이인 것과 관련이 있습니다. 손과 마찬가지로 주로 사용하는 오른쪽 다리가 방향을 바꾸는 등의 보다 섬세한 동작을 하고 추진력을 얻는 데 좋으며, 왼쪽 다리는 든든히 지지해주는 기능이 좀 더 강하기 때문입니다. 이것은 야구의 주루 방향 이외에도 육상 경기나 빙상 경기 등에서 마찬가지로 적용되고 있습니다.

6

강속구를 던져라!

야구공의 속도를 측정하는 스피드건

운동장에서 투수가 공을 던지는 곳을 마운드라고 부릅니다. 마운드는 운동장의 다른 면보다 약간 높게 만들어져 있습니다. 이것은 타자의 타율이 너무 높은 것을 방지하기 위해서지요.

일반적으로 타자들의 스윙은 수평 궤도에서 이뤄집니다. 만약 같은 높이에서 투수가 공을 던지면 타자의 가슴 아래쪽을 지나게 되고 타자의 배트에 맞을 확률이 그만큼 높아지지요. 따라서 마운드를 약간 높여 투구의 각도를 다르게 함으로써 타자가 치기 힘들도록 만든 것입니다.

마운드가 높아질수록 타율은 낮아지는데, 초기에는 마운드의 높이를 15인치로 높였으나, 타율이 너무 낮아지자 이듬해 마운드의 높이를 10인치로 하향 조정하였다고 합니다. 국내 프로야구는 13인치 이하로 규정하고 있지요.

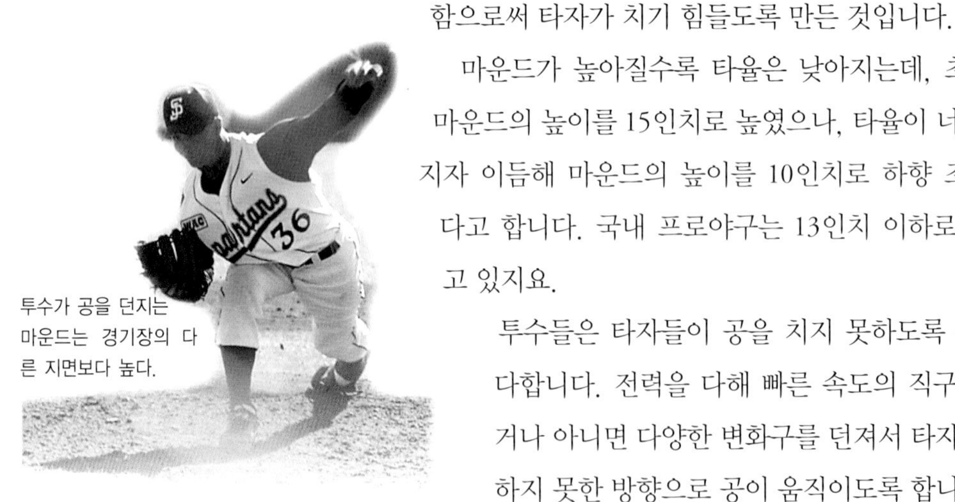

투수가 공을 던지는 마운드는 경기장의 다른 지면보다 높다.

투수들은 타자들이 공을 치지 못하도록 온 힘을 다합니다. 전력을 다해 빠른 속도의 직구를 던지거나 아니면 다양한 변화구를 던져서 타자가 예상하지 못한 방향으로 공이 움직이도록 합니다.

공을 빠르게 던지는 투수로는 박찬호 선수가

가장 유명합니다. 박찬호 선수의 공은 얼마나 빠를까요? 박찬호 선수가 던지는 공의 속도를 측정하는 일은 쉬운 일이 아닙니다. 그래서 야구장에서는 과속 차량을 단속할 때 사용하는 '**스피드 건** speed gun'을 이용하여 야구공의 속도를 측정하곤 합니다. 스피드 건은 도플러 효과를 이용해서 속도를 측정합니다.

스피드 건

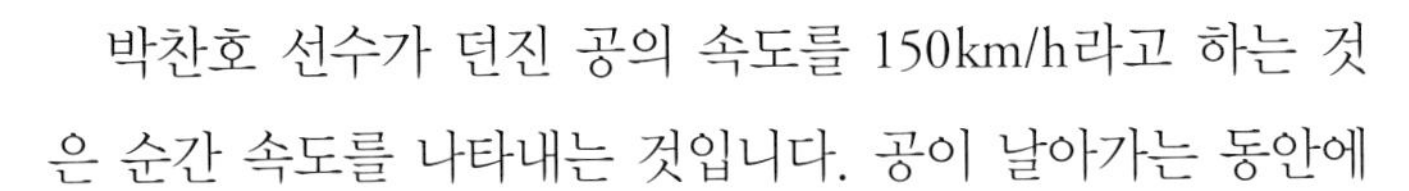

박찬호 선수가 던진 공의 속도를 150km/h라고 하는 것은 순간 속도를 나타내는 것입니다. 공이 날아가는 동안에

여기서 잠깐!

도플러 효과란?

도플러 효과는 파동이 진행하다가 물체에 반사되어 나올 때 진동수나 파장이 변하는 현상을 말한다.

다가오는 자동차를 향해 고무공을 1초에 한 개씩 던진다고 생각해보자. 자동차가 점점 가까워지기 때문에 거리가 짧아져 튕겨 나오는 고무공은 1초보다 작은 시간 간격(예를 들어 0.5초)으로 튕겨 나오게 된다.

이때 진동수와 파장은 어떻게 달라질까? 진동수라고 하는 것은 1초 동안 몇 번 진동하는가를 나타내는 양을 말하고, 파장은 진동수에 반비례한다. 따라서 처음에 던질 때는 1초당 한 번이지만, 튕겨 나올 때는 0.5초당 한 번이므로, 1초당으로 계산하면 두 번이 된다. 따라서 진동수는 두 배로 증가하고 파장은 반으로 감소한다.

반대로 멀어지는 자동차를 향해 1초에 한 개씩 고무공을 던지면 어떻게 될까? 이번에는 자동차가 점점 멀어지기 때문에 1초보다 긴 시간 간격(예를 들어, 2초 간격)으로 튕겨 나오게 된다. 따라서 진동수는 1/2로 감소하고 파장은 두 배로 증가한다.

이처럼 진동수 또는 파장은 운동하는 물체의 이동 방향에 따라 증가하거나 감소한다. 그리고 운동하는 물체의 이동 속도에 따라 진동수와 파장의 변화량도 달라진다.

과속을 단속하는 데 사용되는 스피드건에서는 적외선을 발사하는데, 이 적외선이 달려오는 자동차에 부딪친 후 반사되어 돌아오면 진동수에 변화가 발생한다. 이때 자동차의 속도가 클수록 진동수의 변화가 더 커진다. 따라서 적외선의 진동수 변화의 정도를 측정하면 달려오는 자동차의 속도를 알 수 있다. 야구공의 속도를 측정하는 원리도 이와 같다.

도 속도는 계속 조금씩 변화하는데, 투구 속도는 공이 진행하는 동안의 순간 최고 속도를 나타냅니다. 투구 속도를 연속해서 몇 번 측정하게 되면, 투수의 손을 떠난 공은 얼마 지나지 않아서 최고 속도에 도달하게 되고, 그 이후부터는 속도가 조금씩 감소하는 것을 알게 됩니다.

7

변화구를 던져라!

마그누스 효과

공의 속도가 빠르지 않아도 변화구를 잘 이용하면 좋은 야구경기를 펼칠 수가 있습니다. 커브 볼과 같은 변화구의 비밀은 공의 표면을 스치는 공기의 속도에 있습니다.

공이 회전하지 않고 움직일 때 공 주변의 공기의 흐름은 모두 같은 모양입니다. 그런데 공이 회전하면서 움직일 때에는 공이 회전하는 방향과 공기의 흐름이 같은 방향인 곳에서 공기의 흐름이 빨라져 압력이 감소하고, 반대편 압력은 커지게 됩니다. 따라서 공은 회전 방향으로 휘어지지요. 이를 **마그누스 효과**라고 합니다.

투수는 공을 던질 때, 공을 잡는 방법을 변화시킴으로써,

마그누스 효과

1852년 마그누스가 포탄의 탄도를 연구하다가 발견한 원리. 공기와 같은 유체 속에서 물체가 회전할 때, 물체 표면의 회전 방향과 유속 방향이 일치하는 곳에서는 압력이 감소하며, 반대쪽에서는 압력이 증가하여 물체의 회전축에 수직 방향의 힘이 생기는 현상으로, 베르누이의 원리에 기초하는 효과이다.

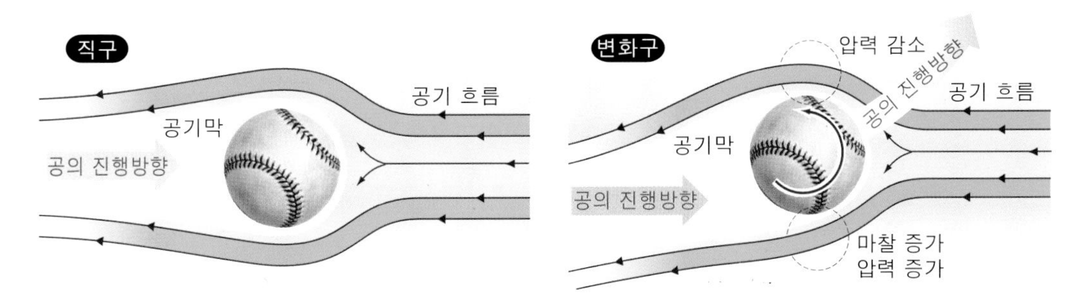

마구누스 효과의 원리

오른손잡이 투수가 커브볼을 만들어내는 방법

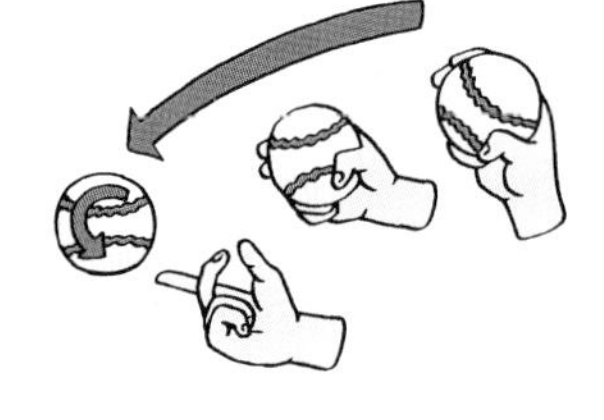

회전각과 회전수를 더하거나 덜하여 커브볼, 스크루 볼, 슬라이더, 포크 볼 등의 다양한 변화구를 만들 수 있답니다.

투수의 손을 떠난 공은 포수의 손에 도달하기까지 약 15회 내외로 회전합니다. 오른손을 사용하는 투수는 손목의 구조상 시계 반대 방향으로 공을 회전시키는 것이 편리합니다.

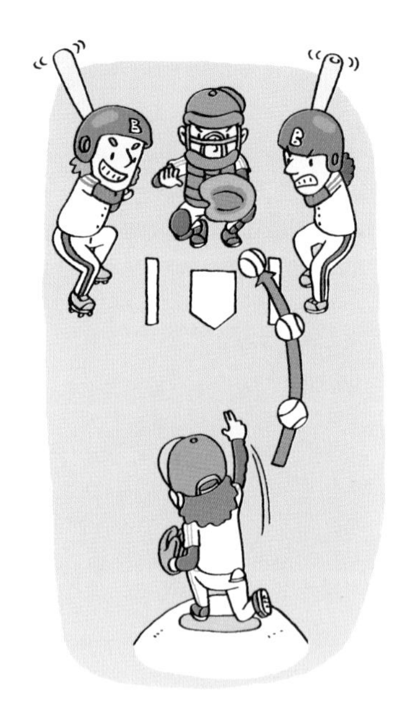

따라서 오른손잡이 투수의 커브볼은 시계 반대 방향으로 회전함에 따라 왼쪽으로 휘어지는 공이 됩니다. 타자의 방향에서 본다면, 왼쪽에서 오른쪽으로 휘어지는 공이 되지요.

따라서 오른손잡이 타자에게는 바깥쪽으로 빠지는 공이 되어 쳐내기 힘들지만 오히려 왼손잡이 타자에게는 안쪽으로 향하기 때문에 유리한 공이 됩니다. 감독들은 이를 고려하여 커브볼을 잘 던지는 오른손잡이 투수에게 왼손잡이 타자를 배정하기도 하지요.

그럼 왼손잡이 타자가 나왔을 때 투수는 오른쪽으로 휘어지는 커브볼을 만들면 되겠지요? 반시계 방향으로 회전을 줘 오른쪽으로 휘어지는 커브볼을 스크루볼이라고 합니다. 스크루볼은 손목을 부자연스러운 방향으로 움직여야 하므로 던지기가 어려우며, 커브 각도도 그리 크지 않답니다.

그리고 탑 스핀이나 백스핀을 주어 아래로 급작스럽게 떨어지거나 위로 솟아오르는 공을 던지기도 합니다.

그런데 공을 던지는 투수는 물론 공을 받는 포수에게도 어느 방향으로 공이 휘어질지 모르는 마구가 있습니다. 투수와 포수가 모르니 당연히 타자는 어느 쪽으로 공이 얼마만큼 휘어질지 몰라 당연히 공을 쳐내기가 어렵지요. 이런 공을 '너클볼knuckle ball' 이라고 부릅니다. 너클볼이라는 이름은 손가락 마디knuckle로 공을 잡고 던진다는 데서 유래한 것입니다.

너클볼은 공의 속력이 느리고 회전이 거의 없을 때 던질 수 있는 공입니다. 공의 속력이 빠를 때에는 오히려 너클볼을 만들 수 없으며, 홈 플레이트까지 날아가는 데 1회전 미만으로 공을 회전시켜야 합니다.

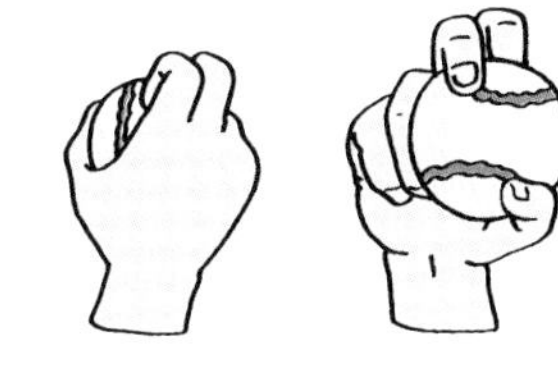

너클볼

투수가 너클볼을 던질 수 있는 이유는 바로 야구공에 108개의 실밥(솔기)이 있기 때문입니다. 야구공이 아주 조금 회전하면서 날아가면, 실밥들이 공 표면의 공기의 흐름을 불규칙하게 만들어 공의 위치를 조금씩 바꾸는 것입니다. 특정한 방향이나 규칙이 없이 흔들리므로 누구도 공이 어떤 경로로 날아갈지 예상할 수 없는 것이지요. 실밥들이 만드는 약간의 불규칙한 공기의 흐름은 아주 순간적인 것이므로 공의 속력이 너무 빠를 때에는 무시될 수 있습니다. **야구공의 실밥**이 없었다면 타자를 바보로 만드는 너클볼은 절대 만들어질 수 없었겠지요.

너클볼을 만드는 야구공의 실밥(솔기)

따라서 야구의 역동적인 재미는 야구공의 실밥에서 시작된다고 해도 과언이 아닐 것입니다. 왜냐고요? 그럼 한 번 물어볼게요. 야구공의 겉을 고무공처럼 매끈하게 만들면 더 멀리 날아갈까요? 아니면 그 반대일까요? 상식적으로 생각하면 매끈한 야구공이 공기의 저항을 덜 받아 멀리 날아갈 것 같은데, 사실은 그 반대랍니다. 야구공에 있는 실밥은 야구공을 더 멀리 날아가게 하기 위해서 일부러 만든 것이에요.

1886년 미국의 한 스포츠용품 회사는 가죽을 꿰맨 자국이 드러나지 않는 매끈한 야구공을 개발했어요. 그러나 이 공이 정식 야구공으로 인정받았다면 야구 경기는 지금처럼 많은 사람들에게 사랑받지 못했을 것입니다. 매끈한 공으로는 홈런도 자주 터지지 않고, 기가 막힌 커브 볼도 볼 수 없을 테니까 말이지요.

그러면 야구공의 겉에 실밥과 같이 거친 부분이 있으면 더 멀리 날아갈 수 있는 과학적 원리는 무엇일까요? 공이 빠르게 날아갈 때에는 공의 뒤쪽에 공기의 소용돌이가 생깁니다. 이것은 공이 앞으로 진행하는 데 방해가 된답니다. 그런데 공의 표면이 울퉁불퉁한 경우에는 뒤쪽의 소용돌이가 줄어듭니다. 즉, 야구공의 실밥이 공 뒤편에 생기는 공기 소용돌이를 없애는 역할을 해서 오히려 추진력을 주는 것이지요.

이런 예는 겉에 홈이 많은 골프공일수록 더 멀리, 잘 날아가는 것에서도 알 수 있어요. 실제로 시속 60km 이하에서는 표면에 관계없이 야구공 크기의 공기 저항계수는 0.5이지만, 투수가 던지는 공의 평균 속도가 140km/h일 때는 완전히 거친 표면 공은 저항계수가 0.1까지 떨어진다고 해요. 또한 실밥으로 표면 일부만 거칠게 만든 야구공은 0.3 정도까지 저항계수가 떨어진다고 합니다. 결국 저항 계수가 떨어질수록 공은 더 멀리, 더 빨리 날아가는 것이지요.

그리고 투수가 공을 던질 때 공에 회전을 주면, 공 주변 공기의 속도가 달라져 공기의 압력 차이로 공은 커브를 그리게 되는데, 이때 야구공에 있는 실밥은 공기와의 마찰을 크게 하여 압력 차이를 더 크게 하고 회전 효과를 더해줍니다. 투수들은 공을 잡을 때, 이 실밥의 방향을 적절히 이용하여 커브의 방향과 공의 속도를 조절한답니다.

물론 시속 220km 이상의 초고속으로 움직이면 울퉁불퉁한 것보다는 매끄러운 것이 공기 저항이 적어 유리하겠지만, 투수가 던지는 공은 최고 시속 165km을 넘지 못하고,

타구 역시 시속 200km를 넘지 않는다고 하니, 울퉁불퉁한 공이 더 유리한 것입니다.

투수들이 야구공에 침을 뱉는 까닭은?

야구공의 실밥은 야구공이 빠르고 멀리 날아가는 데 결정적인 역할을 한다는 것을 이미 배웠습니다. 이것은 표면이 매끈한 야구공보다 표면이 거친 야구공이 공기의 저항을 덜 받기 때문입니다. 그래서 야구공의 표면을 일부러 거칠게 만들기 위해 붉은 실로 꿰맨 실밥이 있는 것이지요.

그렇다면 이번에는 야구공 표면의 한 부분을 매끈하게 만들면 어떻게 될까 생각해봅시다. 야구 선수들은 공의 표면이 거칠고 매끈한 정도에 따라 어떻게 날아가는가를 오랜 경기 경험을 통해 누구보다도 잘 알고 있습니다. 그래서 한때 야구공 표면을 인위적으로 매끈하게 만들어 타자들을 골려 주는 투수들이 있었습니다.

미국의 프로 야구가 자리잡을 초창기의 일이었습니다. 투수들은 '스핏 볼(Spit Ball)'이라는 변화구를 곧잘 던지곤 했지요. '스핏(spit)'이라는 단어는 '침을 뱉다'라는 뜻으로, 그러니까 '스핏 볼'은 '침을 바른 공'이었습니다.

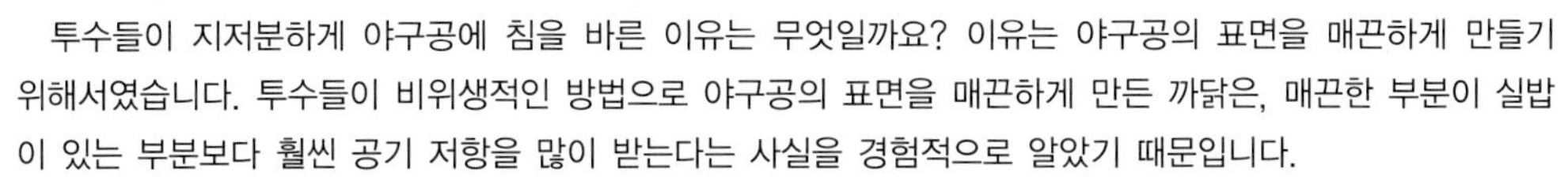

투수들이 지저분하게 야구공에 침을 바른 이유는 무엇일까요? 이유는 야구공의 표면을 매끈하게 만들기 위해서였습니다. 투수들이 비위생적인 방법으로 야구공의 표면을 매끈하게 만든 까닭은, 매끈한 부분이 실밥이 있는 부분보다 훨씬 공기 저항을 많이 받는다는 사실을 경험적으로 알았기 때문입니다.

야구공이 날아갈 때 실밥이 있는 부분은 공기의 저항을 적게 받고, 침을 바른 부분은 공기의 저항을 많이 받는다면 어떤 일이 일어날까요? 공기의 저항이 다르다는 것은 곧 공기 때문에 야구공이 받는 마찰력에 차이가 있다는 것을 의미하지요. 즉, 한쪽은 마찰력이 크고, 한쪽은 마찰력이 작으므로 힘의 차이가 생겨 야구공의 움직임에 변화가 생기는 것입니다. 따라서 잘 날아가던 야구공이 갑자기 다른 방향으로 휘어지는 일이 일어나, 흔히 마구라고 부르는 변화구가 되는 것입니다.

좀 지저분한 방법이긴 하지만, 어찌 되었건 미국의 투수들은 강력한 변화구를 던질 수 있으니까 야구공에 침을 뱉는 일을 마다하지 않았다고 합니다. 투수가 던진 공이 홈 플레이트에 다다르는 데 걸리는 시간이 약 0.5초밖에 되지 않는다고 하니 홈 플레이트 근처에서 야구공이 예측하기 힘든 방향으로 갑자기 휘어진다면 타자들은 배트 휘두를 방향을 바꿀 엄두도 내지 못하겠지요.

한동안 미국의 투수들은 '스핏 볼'의 재미를 톡톡히 보았다고 해요. 그러나 1920년대에 들어와 스핏 볼을 던지는 행위는 정정당당히 실력으로 겨루어야 할 스포츠맨 정신에 어긋나는 일이라고 해서 금지되었습니다. 그래서 그 이후에는 전 세계의 야구장에서 투수가 야구공에 침을 바르거나, 입김을 쐬는 등의 모든 행위를 반칙으로 규정하여 엄격하게 막고 있지요.

내용정리

1. 빛의 성질

빛은 직진하며, 광원에서부터 멀어질수록 거리의 제곱에 비례하여 밝기가 줄어든다.

- **반사의 법칙** : 입사광선과 반사광선은 같은 평면상에 있고, 입사각과 반사각의 크기는 언제나 같다는 법칙
- **정반사** : 평면거울에 평행한 빛이 입사하면 입사각과 반사각이 같으므로 반사되는 빛도 평행하다.
- **난반사** : 울퉁불퉁한 물체에 평행한 빛이 입사하면 입사각이 제각기 다르므로 반사되는 빛은 여러 방향으로 흩어진다.

2. 백색광

햇빛이나 백열전구와 같이 흰 종이 위에 비추어도 특정한 색이 나타나지 않는 빛으로, 실제로는 여러 가지 색의 빛을 포함하고 있다. 무지개에 나타나는 일곱 가지 색의 빛을 가시광선이라고 하는데, 이 빛 덕분에 우리는 물체의 색을 구분할 수 있다.

3. 도플러 효과

물체에 반사되어 나온 파동은 원래의 파동과 진동수가 달라진다는 효과. 속도가 빠르게 변할수록 반사되어 나온 파동의 진동수 변화가 커진다. 예를 들어, 자동차가 경적을 울리며 지나갈 때, 정지해 있는 관찰자가 듣는 경적 진동수는 자동차가 접근하면 실제보다 높아지고 멀어지면 낮아진다.

도플러 효과를 이용하면 움직이는 물체의 속도를 측정할 수 있어서 과속차량 단속이나 투구의 속도를 측정하는 데 이용된다.

4. 상대 속도

관찰자에 따라 물체의 운동이 다르게 관찰되는 속도. 예를 들어, 제자리에 정지해 있는 관찰자에게 동쪽으로 40km/h의 속력으로 움직이는 자동차는, 서쪽으로 30km/h의 속력으로 움직이는 자동차를 탄 관찰자에게는 70km/h로 움직이는 것처럼 보인다.

8

육각형과 오각형의 절묘한 조화

축구공의 과학

올림픽만큼이나 세계인의 관심과 사랑을 받는 스포츠 제전이 있습니다. 바로 월드컵이지요. 세계인의 축구에 대한 사랑은 아주 뜨겁습니다. 우리나라도 예외는 아니어서 2002년에 열렸던 월드컵의 뜨거웠던 열기는 전 세계에 큰 뉴스거리가 되었지요.

축구만큼 첨단 과학이 집대성되어 있는 스포츠도 없습니다. 세계인의 이목이 집중되는 만큼 더 좋은 경기를 위해서 선수들은 물론 축구에 관련된 각종 용품을 제작하는 회사에서도 첨단 과학을 적용시키려고 노력하고 있지요.

4년마다 열리는 월드컵 경기를 통해서 축구 과학은 한 단계씩 발전했습니다. 축구공이나 축구화, 유니폼, 그리고 선수들이 먹는 음식과 경기가 열리는 구장까지 모든 곳에는 첨단 과학이 적용되고 있습니다.

먼저 축구공 속에 숨어 있는 과학부터 살펴보기로 하지요. 축구공 하면 먼저 생각나는 것이 하얀색 육각형 가죽 바탕에 검은색 오각형이 군데군데 있는, 소위 땡땡이 무늬입니다. 요즘이야 디자인이 빼어난 축구공들이 다양하게 나와 있지만 예전 축구공의 모습은 희고 검은 땡땡이가 전형적인 것이었어요.

초창기 월드컵 트로피 줄리메컵
(The Jules Rimet Cup)
순금으로 만든 이 트로피는 1970년 멕시코 대회까지 사용되었으나, 세 번째 우승을 차지한 브라질이 영구 보관하던 중 도난당했다.

오일러 Leonhard Euler
1707~1783. 대수학, 정수론, 기하학과 해석학에서 뛰어난 재능과 업적을 보인 수학자이다. 오일러의 정리로 유명하다.

축구공은 왜 오각형과 육각형이 섞여 있을까요? 그것은 총 32개의 오-육각형 외피로 공을 만들 때 가장 구에 근접한 모양이 되기 때문입니다.

스위스의 수학자인 **오일러**Leonhard Euler가 정리한 '다면체 정리'에 따르면, 오각형으로 다면체를 만들기 위해서는 반드시 12개의 오각형이 있어야 한다고 합니다. 따라서 12개의 정오각형을 기본으로 하고 20개의 정육각형 모양의 가죽을 연결하여 원형에 가까운 축구공을 만들게 되었답니다. 물론 12조각, 18조각, 32조각, 48조각의 가죽으로 이루어진

여기서 잠깐!

축구공에 숨어 있는 기하학

축구공의 기하학적 명칭은 정다면체로, 깎은 정20면체이다. 정다면체는 각 면이 모두 합동인 정다각형으로 이루어져 있고, 각 꼭짓점에 모이는 면의 개수가 같다.
정다면체에는 정4면체, 정6면체, 정8면체, 정12면체, 정20면체 다섯 가지가 있는데, 2500년 전의 고대 그리스 시대부터 이미 이러한 사실은 알려져 있었다.
고대 그리스의 철학자 플라톤은 다섯 개의 정다면체에 특별한 의미를 부여하여 세상을 구성하는 다섯 요소와 연결시켰고, 그러한 이유로 정다면체를 '플라톤의 입체'라고도 한다.
정20면체는 20개의 정삼각형과 12개의 꼭짓점으로 이루어져 있으며, 각 꼭짓점에는 정삼각형이 5개씩 모여 있다. 축구공을 만들기 위해서 우선 정20면체의 각 모서리를 3등분하고, 각 꼭짓점을 중심으로 잘라낸다. 한 꼭짓점에는 5개씩의 정삼각형이 모여 있으므로 잘라낸 면은 정오각형이 되며, 이러한 정오각형은 꼭짓점의 개수만큼인 12개가 생긴다. 또 원래 있던 20개의 정삼각형은 세 꼭짓점에서 각각 잘리게 되므로 정육각형이 된다. 이렇게 해서 만들어진 것이 12개의 정오각형과 20개의 정육각형으로 이루어진 깎은 정20면체로, 가죽으로 이런 다면체를 만든 후 바람을 넣으면 축구공이 만들어진다. 현재와 같이 32개의 면을 갖는 축구공의 원조는 1970년 멕시코 월드컵에 등장한 텔스타(telstar)이다.

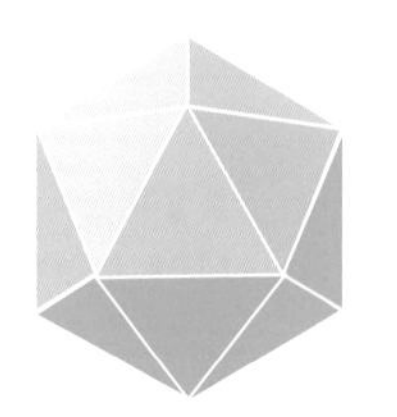
정20면체

정20면체의 꼭지점을 깎는 과정

깎은 정20면체

다양한 공도 만들어졌지만, 아직까지는 32조각으로 만들어진 공이 가장 선호된다고 하네요.

1970년 멕시코 월드컵에서 아디다스 사가 제작한 **텔스타**라는 가죽 공이 처음 공인된 공으로 사용되었는데, 이때 텔스타의 디자인이 흰 바탕에 검은 땡땡이 무늬였기 때문에 우리는 아직도 이 모양을 축구공의 전형으로 생각하지요.

1970년 멕시코 월드컵에 사용된 텔스타(Telstar)

1982년 스페인 월드컵에서 쓰였던 탱고 에스파냐는 가죽 조각 사이에 방수처리를 한 최초의 축구공이었다고 합니다. 이전에 쓰였던 공들은 방수처리가 안 되어 수중 전에서는 공이 무거워지는 취약점이 있었지요.

이후 축구공은 탄성을 높여 스피드를 향상시키는 쪽으로 개발되었습니다. 1986년 멕시코 올림픽에서 완전한 방수 기능을 갖추기 위하여 천연 가죽 대신 인조 가죽을 사용하기 시작한 후, 인조 가죽에 여러 가지 기능을 보강하기 시작한 것이지요.

1994년 미국 월드컵에서 사용된 **퀘스트라**에는 공의 가죽에 공기층을 넣어 한층 반발력을 높였습니다. 이 공은 기존의 축구공에 비해 반발력, 회전력, 탄력, 컨트롤 능력이 향상되었는데, 그 효과는 1997년 6월 브라질과 프랑스의 프레 월드컵 개막전에서 나타났습니다.

1994년 미국 월드컵에 사용된 퀘스트라(Questra)

개막전에서 브라질의 호베르투 카를루스는 환상적인 프리킥을 선보였답니다. 골대에서 30m 떨어진 곳에서 찬 그의 프리킥은 벽을 만들고 있던 프랑스 선수들을 피해 골문 바깥으로 나가는 듯하다가 갑자기 방향을 꺾어 골문 안으로 빨려 들어간 것이지요. 축구공의 진화가 만들어낸 멋진 슛이었습니다. 그러나 이것은 축구공의 발전만으로 이루어진 일이라고 말할 수 없습니다. 이런 프리킥이 가능했던 것은 축구공을 빠르게 회전시키면서 찰 수 있었던 카를루스 선수의 뛰어난 자질이 있었고, 또한 과학의 원리가 있었기 때문이지요.

도대체 어떻게 이러한 환상적인 프리킥이 가능했을까요? 축구공도 야구공처럼 마그누스 효과가 적용되기 때문입니다. 시속 135km 이상의 빠른 속도로 초당 10회 정도 회전을 하면서 날아가는 축구공 주위에는 두 가지의 공기 흐름이 생긴답니다. 회전하는 방향의 공기는 빨라지고 다른 쪽은 조금 느린 공기의 흐름이 형성되는 것이죠. 이때 축구공은 똑바로 날아가지 못하고 압력이 낮은 쪽으로 커브를 틀게 됩니다. 그래서 멋진 바나나킥이 탄생하는 것이죠. 그런데 아쉽지만 우리나라에는 아직 이 정도의 속도로 공을 찰 수 있는 선수가 없다고 하네요. 언제 우리나라 프로 축구에서 이렇게 멋진 슛을 볼 수 있을까요?

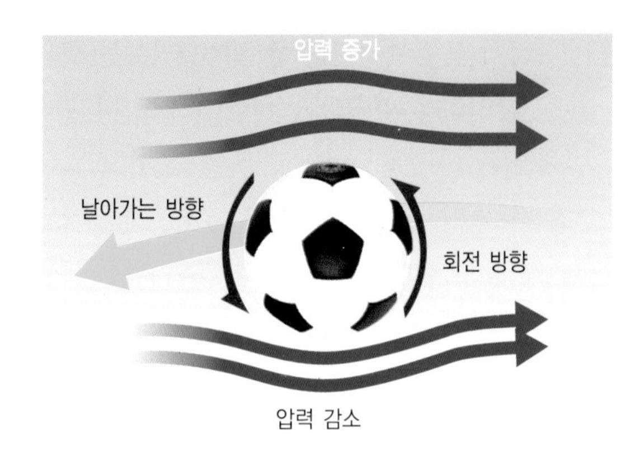

9

경기 전에 선수들은 뭘 먹을까?

우리 몸에 필요한 영양소

축구 선수들은 90분간 공을 따라 쉴 새 없이 뛰어다녀야 합니다. 따라서 강인한 체력이 요구되지요. 히딩크 Guus Hiddink 전 월드컵 대표팀 감독도 경기에 대비해 선수들에게 특별 체력 훈련을 시켰다고 합니다. 그러나 아무리 체력 좋은 선수라도 체력 소모가 많은 경기를 연속해서 할 수는 없습니다. 따라서 국제축구연맹에서는 선수들을 보호하기 위해 선수들의 공식경기 간격을 이틀(48시간)로 정해 놓았습니다.

축구 경기에서 가장 이동 거리가 많은 포지션은 미드필더입니다. 미드필더는 공수 전환에 따라 양쪽 진영을 계속 오가야 하기 때문에 한 게임당 이동 거리가 12~14km 정도로 가장 많습니다. 그 다음으로는 스트라이커와 수비수들이 차례로 많은 거리를 뛰어다니지요. 상대적으로 골키퍼가 가장 적은 거리를 뜁니다. 그리고 선수들과 함께 공을 따라 움직이는 심판도 경기당 8~10km 정도를 뛰어다닙니다.

이처럼 체력 소모가 많은 선수들이 체력을 유지하기 위해서는 어떤 음식을 먹을까요?

에너지 소비가 많은 축구 경기

우리 몸에 필요한 영양소는 크게 다섯 가지로 구분됩니다. 단백질, 지방, 탄수화물, 무기질, 그리고 비타민이지요. 이 다섯 가지 영양소 외에 우리 몸에 꼭 필요한 성분으로 물이 있습니다. 물은 우리 몸을 이루는 성분 중에서 약 70% 이상으로 가장 많은 양을 차지하고 있지요. 물은 여러 가지 양분과 노폐물을 운반하고 체온을 조절하는 등 꼭 필요한 역할을 하므로 항상 충분히 섭취해야 합니다.

물 이외에 다섯 가지 영양소 중 우리 몸에서 가장 많은 비율을 차지하는 것은 단백질입니다. 근육은 거의 단백질로 이루어져 있으므로 운동선수에게 단백질 섭취는 필수적이지요. 단백질은 육류, 생선, 우유, 계란, 콩 등의 식품에 많이 들어 있습니다. 그리고 몸의 또 다른 구성 성분으로, 두 번째로 많은 지방과, 뼈 등을 구성하는 칼슘 등의 무기질이 있습니다. 무기질은 세 번째로 많은 비율을 차지하는데, 종류에 따라 뼈 등의 신체 골격을 구성하기도 하지만, 이온 농도에 따라 신경전달체계나 혈액과 세포의 농도 유지에도 관여하기 때문에 아주 중요합니다.

우리가 활동할 수 있도록 에너지원으로 주로 사용되는 것은 탄수화물입니다. 지방도 일부 에너지원으로 사용되지요. 탄수화물은 1g에 4kcal의 에너지를 낼 수 있습니다. 그리고 지방 1g은 9kcal의 에너지를 낼 수 있지요. 따라서 지방을 너무 많이 섭취하면 남는 에너지가 몸에 저장되기 때문에 비만의 원인이 되기도 합니다. 또한 비타민은 몸을 구성하거나 에너지원으로 쓰이는 것은 아니지만, 생리작용과 신진대사를 위해 꼭 섭취해야 하는 물질입니다.

따라서 평상시 축구선수들의 식사는 필수 영양소가 골고루 포함된 음식으로 필요한 단백질과 탄수화물의 양을 조절

한 식단을 따릅니다.

그러나 의외로 경기 전에는 되도록 육류가 많이 포함된 음식은 먹지 않습니다. 육류는 주성분이 단백질이므로 당장 필요한 에너지원으로 쓰일 수도 없을 뿐만 아니라 소화하기에도 부담이 되기 때문이지요. 또한 시합 바로 전에는 음식물은 거의 먹지 않습니다. 다만 에너지원으로 쓰일 수 있는 탄수화물이 포함된 샌드위치와 같은 간단한 음식을 시합 3시간 전쯤에 섭취한다고 합니다.

10

골프공에 걸린 역회전의 비밀

베르누이 정리

골프의 어원

골프Golf의 어원은 '치다'라는 뜻을 가진 스코틀랜드어 '고프Goufl'로 알려져 있다. 또한 스코틀랜드에서 많이 서식하던 들토끼가 잔디를 깎아먹어 평탄하게 된 곳을 그린green이라고 부르는데, 이는 골프가 스코틀랜드 지방에서 발전했다는 증거가 된다.

박세리, 안미현, 박지은, 타이거 우즈, 아놀드 파마……. 이 사람들은 모두 푸른 잔디 위에서 작은 공 하나를 홀 컵에 넣는 운동, 즉 골프라는 종목의 선수들입니다. 골프는 우리 친구들에게는 그리 친숙한 스포츠는 아니지만, 최근 들어 우리나라의 많은 선수들이 세계 골프대회에서 두각을 나타내며 관심의 대상이 되고 있습니다.

골프는 막대기 끝에 달린 묵직한 부분으로 공을 쳐서 가장 적은 타수로 홀 컵에 공을 넣는 사람이 우승하는 경기입니다.

가장 적은 타수에 공을 홀 컵에 넣으려면 한 번에 골프공을 멀리 날려 보낼수록 유리하답니다. 자, 그렇다면 골프공을 멀리 날려 보내는 원리를 생각해볼까요?

1868년에 만들어진 클럽헤드. 헤드 부분은 숫양의 뿔을 다듬은 것이다.

골프공은 공의 크기와 무게가 작기 때문에 공기 저항의 영향을 크게 받습니다. 따라서 골프클럽(골프채)은 공을 멀리 보내기 위한 과학이 총동원되어 있습니다.

골프클럽은 공을 치는 부분인 헤드, 손잡이 부분과 헤드를 연결하는 막대 부분인 샤프트, 그리고 손잡이 부분인 그립으로 되어 있습니다.

또한 골프클럽은 크게 두 종류인데, 하나는 '우드' 라고 부르는 종류로 헤드 부분이 옛날에는 나무로 만들어졌기 때문에 우드라는 이름이 붙었습니다. 우드는 **페어웨이**fairway에서 공을 비교적 멀리 날려 보내는 데에 사용합니다.

다른 하나는 '아이언'이라고 부르는 종류인데, 헤드 부분이 쇠로 되어 있어서 이런 이름이 붙었습니다. 아이언은 공을 멀리 보내기보다 방향과 위치를 잡기 위해 사용하는 것으로, 정확성이 좀더 높지요.

1887년에 만들어진 클럽 헤드. 헤드 부분이 쇠로 되어 있다.

페어웨이 Fair way

원래 양떼들이 밟고 지나가 평탄해진 넓은 길을 뜻하나, 골프 코스에서는 잔디를 바짝 잘라 놓아 공을 치기 좋은 곳을 말한다. 페어웨이 바깥쪽에는 잔디를 다듬어 놓지 않아 거친 곳, 즉 러프(rough)가 있다.

골프클럽의 샤프트는 탄성이 있는 소재로 만들어서, 헤드가 공을 때려 충격이 가해질 때 약간 휘어집니다. 공을 치는 부분으로 금속의 무거운 헤드 부분 중 공을 치는 면을 페이스face라고 하는데, 이것은 약간 볼록하거나 편평한 면으로 되어 있습니다. 페이스는 수직에서 약 10° ~20° 사이의 작은 경사를 이루고 있으며, 면에는 줄무늬 홈들이 패여 있지요.

공이 날아가는 거리는 클럽 헤드의 스피드와 공의 회전, 그리고 공이 날아가는 각도 등에 의해 결정됩니다. 클럽 헤드와 공이 충돌하면 클럽의 에너지는 공에 전달되어 빠른 속도로 날아가기 시작합니다. 이때 클럽 헤드의 속도가 빠르면 빠를수록 더 많은 에너지를 공에 전달할 수 있기 때문에 클럽의 스윙 속도는 공이 날아가는 거리에 큰 영향을 줍

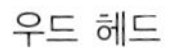

우드 헤드

아이언 헤드

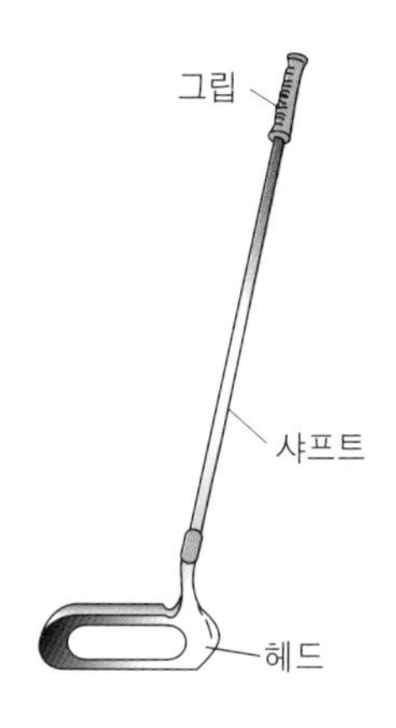

니다. 타이거 우즈와 같은 장타자는 클럽 헤드의 스윙 속도가 시속 290km에 이르는데, 이것은 일반 남성의 평균 속도인 시속 200km에 비하여 매우 빠른 것입니다.

그리고 공이 날아가는 거리에 영향을 주는 회전과 출발 각도는 페이스의 경사와 홈에 따라 달라집니다. 클럽의 헤드 부분이 공에 정확하게 맞으면, 약간 경사진 페이스 면이 아래쪽부터 밀고 들어오는 힘 때문에 공은 헤드의 페이스 면을 따라 미끄러져 올라갑니다. 이때 페이스의 홈은 공과 페이스 면의 마찰을 크게 하여 미끄러짐은 최대한 줄이고 공이 페이스를 따라 굴러 올라가게 하지요. 충돌이 일어나

여기서 잠깐!

클럽 헤드의 충격량과 골프공의 운동 속도

골프 클럽의 헤드를 통하여 충격량이 골프공에 전달된다. 만약에 가만히 정지해 있는 골프공(초기 운동량=0)이었다면, 오른쪽 그림과 같이 골프공의 운동량은 헤드의 충돌을 통해 전달된 충격량과 같다. 또한 평균적으로 골프 헤드가 골프공에 가해지는 힘은 500N이고, 골프공의 질량은 0.1kg, 골프공에 충격을 가하는 데 걸리는 시간은 약 100분의 1초라고 한다. 이때 헤드가 골프공에 가한 충격량은 다음과 같다.

$$\text{충격량} = \text{힘}(F) \times \text{시간}(t) = 500\text{N} \times 0.01\text{s} = 5\text{N} \cdot \text{s}$$

골프공은 정지한 상태에서 움직이기 시작했으므로 속도의 변화량은 골프공이 골프채를 떠나는 순간의 속도와 같다. 또한 공이 움직이는 방향은 공에 가해준 충격량의 방향과 같다. 따라서 골프공의 초기 속도는 다음과 같이 계산할 수 있다.

$$\begin{aligned} \text{충격량} = 5\text{N} \cdot \text{s} &= \text{운동량의 변화} \\ &= \text{질량}(m) \times (\text{나중의 속도} - \text{처음의 속도}) \\ &= 0.1\text{kg} \times (v - 0) = 0.1v \\ \therefore\ v &= 50\,\text{m/s} \end{aligned}$$

즉, 500N의 힘으로 0.1kg인 공을 100분의 1초 만에 친다면 골프공은 50 m/s의 속도로 날아가기 시작한다는 뜻이다.

는 아주 짧은 시간 동안 굴러 올라가던 공은 클럽의 표면을 떠날 때쯤엔 백스핀(공이 날아가는 방향과 반대 방향으로 회전)이 걸린 채 날아가게 됩니다.

스핀이 걸린 공이 공기 속을 날아갈 때, 공에 작용하는 힘은 베르누이 원리를 따릅니다. 공이 날아가는 것은 상대적으로 보면 공의 주위를 공기가 지나는 것으로 생각할 수 있습니다. 이때 흐르는 유체의 속도가 느릴수록 유체의 압력은 커지고, 유체의 속도가 빠를수록 유체의 압력은 적어지지요.

골프공이 역회전하며 공기 속을 날아갈 때, 공의 위쪽 공기는 공의 속도와 회전속도가 더해져 압력이 감소하게 됩니다. 반면 공의 아래쪽 공기는 공의 속도와 회전 속도가 서로 반대 방향이므로 속도가 느려지고 압력은 증가하게 됩니다. 따라서 공은 아래에서 위쪽 방향으로 힘을 받게 되고 공은 위로 떠오르는 것이지요.

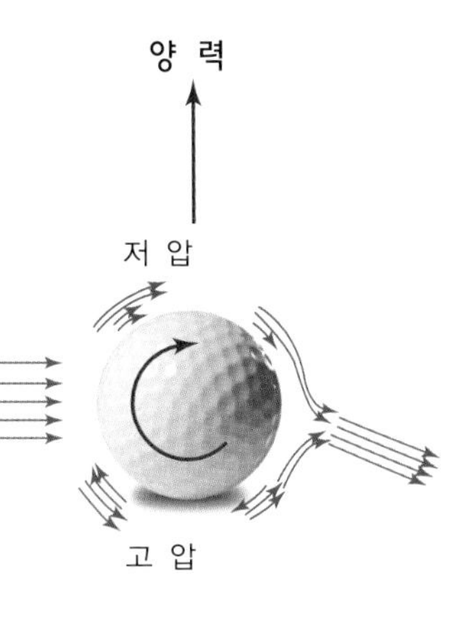

따라서 백스핀이 있는 공은 스핀이 없는 공에 비해 위로 떠오르며 공중에 훨씬 오래 머무르기 때문에 더 멀리 날아갈 수 있는 것입니다.

또한 페이스의 각도가 커질수록 공이 출발할 때 지면에 대한 각도는 증가합니다. 즉, 페이스가 목표지점을 향하여 뒤로 누워 있는 각도가 커질수록 공이 위로 더 많이 떠오릅니다. 그런데 공의 출발 각도가 증가할수록 바람의 영향을 더 많이 받기 때문에 공이 좀 더 위로 떠오르게 되고 공은 높고 짧게 날아가게 됩니다. 이론적으로는 외부에 아무런 영향이 없을 때, 모든 물체는 지면으로부터 45° 각도로 날아갈 때 가장 멀리 도달할 수 있지만, 실제 골프에서는 백스핀의 영향 때문에 45° 방향으로 공을 날려 보내면 위로 높이 뜨는 공이 되고 맙니다.

따라서 약 16° 정도의 각도로 출발할 때, 가장 멀리 날아갈 수 있다고 합니다. 그리고 클럽 페이스의 각도는 여기에 알맞도록 조정되어 있는 것이지요.

여기서 잠깐!

베르누이 정리

1738년 베르누이가 밝힌 유체 역학의 기본 이론으로, '유체(공기나 물과 같이 기체나 액체 상태의 물질)의 속도가 빨라지면 압력이 낮아진다.'는 원리로 간단하게 설명할 수 있다.

아래 그림은 베르누이 정리를 가장 쉽게 알아볼 수 있는 실험이다. 그림 (1)과 같이 책장의 A면을 향해 입김을 강하게 분다. 그러면 책장 아래쪽보다 위쪽의 압력이 낮아진다. 따라서 그림 (2)와 같이 책장은 위쪽 방향으로 뜬다.

포물선 운동에서 각도가 45°일 때 가장 멀리 날아가는 이유는?

포물선 운동은 오른쪽 그림처럼 수평 방향으로는 등속운동을 하며 수직 방향으로는 중력에 의해 등가속도 운동을 하는 물체의 운동으로, 발사 각도가 45° 일 때 가장 멀리 날아간다.

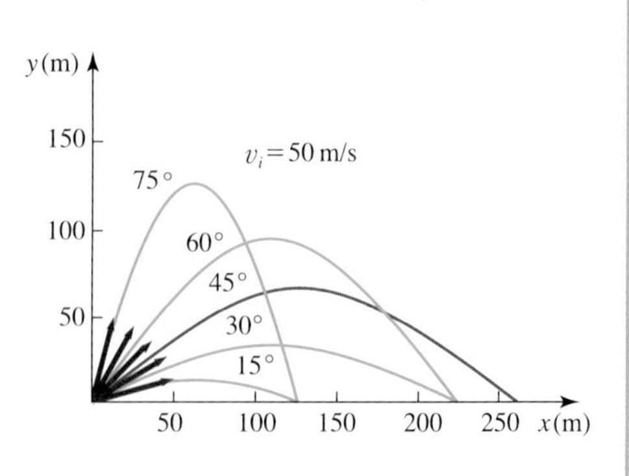

그러면 포물선 운동에서 발사 각도가 45° 일 때 가장 멀리 날아가는 이유는 무엇일까? 그것은 다음과 같이 힘의 합력으로 설명할 수 있다.

아래 그림에서 V_0는 초기 발사 속도로, (1), (2), (3)이 모두 같은 속도를 가졌다. 그러나 발사 각도는 각각 다르다. (1)은 15°, (2)는 45°, (3)은 75° 이다. 이 그림을 보면 왜 포물선 운동에서 발사 각도가 45° 인 물체가 가장 멀리 갈 수 있는지

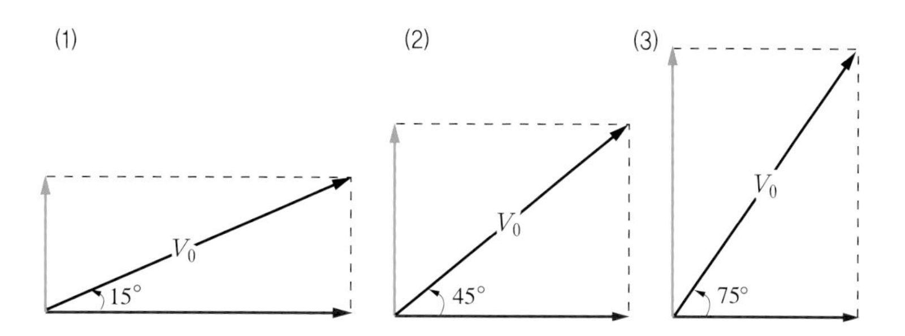

알 수 있다.

가장 낮은 각도인 (1)에서 속도의 수평 성분(빨간색 가로선)은 수식 성분(파란색 세로선)보다 크다. 이 경우에는 위로 향하는 수직 속도가 앞으로 이동하는 수평 속도보다 작기 때문에 물체는 일찍 땅에 떨어진다. 다시 말해 수평 속도가 크기 때문에 빠르게 이동하지만, 수직 속도가 작아 빨리 떨어지기 때문에 물체가 멀리 이동하지 못하는 것이다.

가장 높은 각도인 (3)에서는 어떨까? 위로 향하는 수직 성분이 앞으로 향하는 수평 속도보다 훨씬 크므로 공은 높이 올라가고 오래 머물지만, 수평 속도가 작기 때문에 앞으로 멀리 이동할 수는 없다. 이 경우에는 (1)의 경우와 비슷한 수평 거리를 이동하지만 시간은 더 걸린다.

중간 각도인 (2)의 경우는 앞의 두 경우와는 좀 다르다. 이 경우에 물체는 (1)의 경우보다는 공중에 오래 머물며, (3)의 경우보다는 앞으로 멀리 이동한다. 따라서 중간 각도인 45° 의 발사 각도를 가진 물체가 가장 멀리 이동하는 것이다. 그래서 옛날에 대포로 포탄을 멀리 쏠 때는 포신을 45° 의 각도로 유지했다고 한다.

11

골프공이 곰보인 까닭은?

딤플의 양력

골프공은 15세기 영국에서 처음 만들기 시작했습니다. 당시에는 말과 같은 동물들의 가죽에 깃털을 넣고 꿰맨 정도였지요. 어느 정도 단단한 공을 만들기 위해서 깃털을 꼭꼭 채워 넣어야 했기 때문에 공 하나에 꽤 많은 양의 깃털이 필요했다고 합니다. 1845년경부터는 천연나무 수액을 틀에 넣어 굳힌 구타페르카 볼이 만들어졌는데, 깃털 공(페더볼)보다 더 멀리 날아가고 오랜 시간 사용할 수 있었지요. 근대적인 골프공은 1910년대 이후 공의 규격을 통일하여 던롭 사가 제작하기 시작했습니다.

1830년대 스코틀랜드에서 사용한 골프공. 닭털이나 거위털로 속을 채워 가죽으로 감쌌다.

골프공은 탄성과 밀접한 관계가 있습니다. 예전에 고무 한 겹으로 이루어져 있던 공은 최근 들어 탄성이 좋은 합성 커버를 한두 겹으로 덧씌운 여러 가지 종류로 생산되고 있습니다. 고무와 **수지**의 복합 탄성체만으로 이루어진 원피스 볼, 경질고무 위에 강화 커버를 씌운 투피스 볼, 그리고 두 겹의 커버 때문에 타구감이 좋은 쓰리피스 볼로 분류할 수 있습니다.

수지
식물이나 나무에서 나오는 자연추출물이 고화된 천연수지와, 다른 것과 섞이지 않은 상태의 합성 고분자 재료로 만든 플라스틱 등의 합성수지가 있다.

요즘에는 과학 기술의 발달로 탄성이 아주 좋은 코어와 커버를 만들어낼 수 있습니다. 이렇게 될 경우 반발력이 높아 비거리가 증가하기 때문에, 공에 일정한 힘을 가했을 때

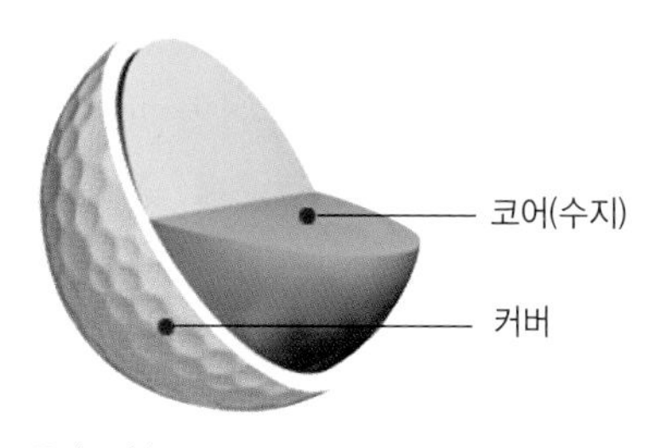

투피스 볼

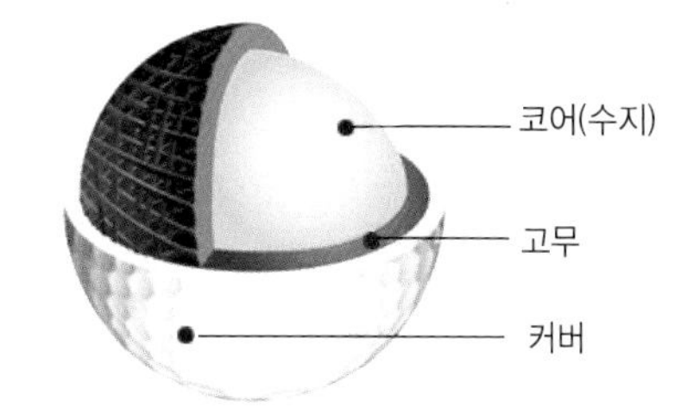

쓰리피스 볼

공이 변형되는 정도와 초속도가 기준 이내에 들도록 제한하고 있지요.

골프협회에서는 질량 45.93g 이하, 지름 42.67mm 이상으로 골프공의 규격을 정해놓고 있습니다. 공이 작고 무거울수록 멀리 날아가기 때문이지요. 또한 테스트를 했을 때 초속도는 76.2m/s 이하로 규정하고 있습니다.

골프공의 표면에 원형으로 움푹 팬 자국을 **딤플**dimple이라고 합니다. 초기에 사용된 구타페르카 공은 경기를 하다 보면 표면에 여러 흠집들이 생겼습니다. 골퍼들은 자연스레 흠집 난 볼을 사용하면서 볼 표면에 흠집이 생긴 공이 더 멀리 날아간다는 사실을 알게 되었지요. 딤플은 이 사실에 착안하여 일부러 표면에 흠집 모양을 낸 것입니다. 요즘은 꼭 원형이 아니라 사각형이나 육각형 모양의 딤플도 있습니다.

딤플 dimple
골프공 표면에 원형으로 움푹 팬 자국. 딤플의 수는 공의 표면에 숫자로 나타내며, 딤플이 있는 공이 딤플이 없는 공보다 비거리가 두 배 정도 차이난다고 알려졌다.

딤플은 야구공의 실밥과 같은 역할을 합니다. 공기가 공의 표면에 더 오래 머무르도록 하여 뒤쪽에 생기는 소용돌이의 크기를 줄여주는 역할을 하는 것이지요. 따라서 딤플이 있는 공은 공기의 저항을 줄이고 양력이 커져서 체공 시간(공중에 머물러 있는 시간)을 늘리기 때문에 비거리가 증가합니다. 좀더 자세히 설명해볼까요?

공이 날아갈 때 공의 표면에는 공기가 달라붙어 얇은 막을 형성하거나 작은 난류와 함께 공의 뒤쪽에 소용돌이가 발생합니다. 소용돌이는 공의 뒤쪽의 압력을 줄이기 때문에 공은 뒤쪽으로 밀리는 힘을 받아 속도가 줄어들게 됩니다. 그런데 공의 속도가 아주 빨라진다면 공 표면에 발생하는 난류는 증가하지만 오히려 이것이 공 뒤쪽에 생기는 소용돌이를 줄여주어 공이 더 잘 날아갈 수 있게 합니다. 따라서 딤플은 일부러 공의 표면을 울퉁불퉁하게 만들어 공이 충분히 빠르지 않더라도 공 표면에 발생하는 난류를 증가시킬 수 있도록 고안되었습니다. 그렇지만 무조건 딤플이 많다고 해서 공이 잘 날아가는 것은 아니기 때문에 딤플의 수는 300여 개에서 500여 개 정도로 일정합니다.

그리고 딤플의 배열에 따라 스핀 효과는 크게 달라집니다. 예전에는 가운데 부분에만 띠처럼 딤플을 배열한 공이 개발된 적도 있었습니다. 이 공을 딤플이 세로 방향을 향하게 티tee 위에 세워 놓고 치면, 원하는 방향보다 오른쪽이나 왼쪽으로 비껴 날아가는 슬라이스나 훅이 발생할 확률이 크게 감소한다는 사실을 알아내었습니다. 즉, 공이 날아가는 방향의 정확성을 안정적으로 높여주는 공이 개발된 것이지요. 하지만 경기에 사용되는 골프 기술을 감소시킨다는 이유 등으로, 골프 협회는 이 공의 사용을 금지했습니다. 이후 골프공은 모든 방향으로 동일한 공기역학적 특성을 가져야 한다는 규정에 따라 생산되기 시작하였습니다.

12

오렌지색에 숨어 있는 과학

농구공

농구는 세계에서 가장 대중적인 스포츠 중의 하나입니다. 프로 선수들이 현란한 드리블과 덩크슛까지 선보이는 올스타전에서부터 점심시간이나 오후에 '한 게임 더!'를 외치는 동네 길거리 농구에 이르기까지 많은 사람들이 즐기고 사랑하는 경기입니다.

농구는 1891년, 겨울철이나 궂은 날씨 속에서도 할 수 있는 실내 운동을 찾던 미국의 YMCA 교사 제임스 네이스미스James Naismith가 미식축구와 축구, 아이스하키 등을 섞어 다양한 변화를 즐길 수 있는 구기 종목을 창안한 데서 시작되었다고 합니다. 원래는 한 팀이 9명이었고, 복숭아 바구니를 바스켓으로 사용했다고 하지요.

농구공은 오렌지 색이며, 표면에 오돌토돌한 돌기가 많다.

농구 코트는 장애물이 없는 직사각형의 평면으로, 세로 24~28m, 가로 13~15m가 많이 사용됩니다. 축구나 야구 경기장에 비하면 아주 작은 크기이지만, 경기 중 선수들의 운동량은 무척 높습니다. 남자 선수들이 1분에 평균 100m에서 120m 정도를 뛴다고 하니, 이동한 거리로만 비교하면 축구보다 더 많은 거리를 뛰는 셈이지요.

농구공의 크기는 둘레 75~78cm, 중량 600~650g로 규정되어 있습니다. 손으로 공을 잡을 수 있는 종목 가운데서는 공의 크기가 가장 큰 편이어서 대부분의 사람들은 한 손으로 공을 들어올릴 수 없는 경우가 많습니다. 탄성을 이용해 패스와 드리블, 슛을 하는 농구공의 경우, 내부의 공기압은 180cm의 높이에서 단단한 나무 바닥에 떨어뜨렸을 때 튕겨 오른 볼의 높이가 바닥에서 120~140cm가 되도록 조절하지요.

농구공의 색깔은 오렌지색입니다. 다른 여러 가지 색 중에서 특별히 오렌지색을 사용한 까닭은 무엇일까요?

다른 종목의 공은 대부분 흰색을 많이 사용합니다. 그런데 농구공은 갈색 계통으로 이루어진 프로농구 코트에서 코트의 색과 가장 비슷하면서도 눈에 잘 띄는 오렌지색을 사용합니다. 그 까닭은 오렌지색이 선수들의 **눈의 피로도**를 가장 적게 하기 때문입니다. 한국농구연맹의 경기 규정에는 볼의 표면은 오렌지색이어야 한다는 내용이 명문화되어 있습니다.

눈의 피로도

피로란 계속된 운동이나 작업 등으로 신체적, 정신적으로 기능이 지치고 저하되어 있는 상태를 말한다. 눈은 컴퓨터 모니터를 장시간 응시하거나, 화려한 여러 가지 색을 보는 등 많은 양의 빛이나 장시간 지속적인 빛에 노출되면 쉽게 피로해진다.

또한 테니스나 탁구, 축구 등 공을 이용한 스포츠의 중요한 경기에서는 모두 새 공을 사용합니다. 그런데 농구에서는 유독 쓰던 공을 사용한다고 합니다. 왜 그럴까요. 가격이 비싸서? 아니랍니다. 바로 새 공의 표면이 너무 거칠기 때문이지요.

농구공의 표면에는 작은 돌기들이 나 있습니다. 이 돌기들은 공의 회전을 도와주는 중요한 역할을 한답니다. 그런데 돌기들이 너무 거칠면 평소 연습 때와 달라서 패스와 골의 정확도가 떨어지고 너무 닳은 공은 미끄러지기 때문에 적당히 길이 든 공을 사용하도록 했답니다.

슛을 던져라

자유 낙하 운동(중력가속도 운동)

5.8m 거리에서 하는 자유투는 제자리에서 공을 던지기 때문에 비교적 안정된 자세에서 슛을 하고, 성공률도 70~89% 정도로 높지요. 그러나 대부분의 슛은 뛰거나 점프를 하는 중에 이뤄집니다. 특히 거리가 먼 3점 슛은 33~35% 정도의 낮은 성공률을 보입니다.

슛의 성공 여부는 안정된 슈팅 자세에 달려 있습니다. 자유투에서 성공률이 높은 선수들은 팔꿈치나 무릎을 움직이지 않는 특징을 보입니다. 무릎을 굽히거나 팔꿈치를 움직이는 동작은 큰 근육을 움직이므로 자세가 불안정해질 위험이 있지요. 따라서 팔꿈치를 지렛대의 받침점으로 하여 고정시키고, 순수하게 팔을 뻗는 동작과 손목의 스냅만으로 슛을 하는 것이 좋은 자세입니다.

안정적인 자세에서 슛을 하기 위해 선수는 무릎이나 팔을 크게 움직이지 않는 상태에서 슛을 한다.

슛을 성공시키는 또 하나의 요인은 슈팅 속도와 각도입니다. 힘을 가장 적게 들이면서 멀리 물체를 날릴 수 있는 제일 좋은 투사 각도는 45° 정도입니다.

공을 멀리 보내려면 공이 움직이는 방향, 즉 지면에 대하여 수평인 방향으로 힘을 작용시키면 됩니다. 수평 방향으로 더 빠른 속도로 공을 던지면 공은 더 멀리 날아가지요. 다만, 공중에 던져진 모든 물체는 중력의 영향으로 1초에

9.8m씩 가속되어 땅으로 떨어집니다. 이를 **자유 낙하 운동**이라고 하지요. 따라서 수평 방향으로 아무리 빠른 속도로 공을 던져도 이미 땅에 떨어져 버리면 더 이상 옆으로 움직일 수 없게 되지요.

따라서 공을 멀리 던져야 할 때에는 중력에 반하여 오랫동안 공중에 떠 있도록 하는 것이 중요합니다. 공중에 오래 공이 떠 있도록 하려면 공을 머리 위 방향으로 던지면 됩니다. 그런데 머리 위로 던진 공은 공중에 오래 떠 있어도 수평 방향으로는 이동하지 않습니다. 따라서 공을 멀리 보내

여기서 잠깐!

자유 낙하 운동이란?

공기의 저항을 무시했을 경우에, 지상을 향해 낙하하는 물체의 운동을 말한다. 지구에서 자유 낙하 운동을 일으키는 것은 중력이다. 따라서 자유 낙하 운동은 중력 가속도 $g(=9.8\,m/s^2)$에 의한 등가속도 운동을 하게 된다.

물체가 지상 Hm의 높이에서 조용히 떨어질 경우, 즉 처음 속도=0일 때, t초 후의 낙하 거리를 S, 그 순간의 속도를 v라고 하면 다음과 같은 식을 따른다.

$$v = g \times t$$

$$S = \frac{1}{2} gt^2$$

다음 그림에서처럼 야구공을 5층 높이의 창문에서 떨어뜨렸을 때, 야구 공이 바닥에 도달하는 데 걸리는 시간은 얼마인지 계산해보자.(단, 계산의 편리를 위하여 한 개 층의 높이는 4m, 중력 가속도는 10 m/s^2로 한다.) 이 문제에 대한 답은 $S = \frac{1}{2}gt^2$을 이용해서 푸는데, 풀이의 결과는 오른쪽 그림에 잘 나타나 있다.

$$5층 \times 4m = 20m = \frac{1}{2} \times 10 \times (t)^2$$

$$4m = t^2 \quad \therefore t = 2초$$

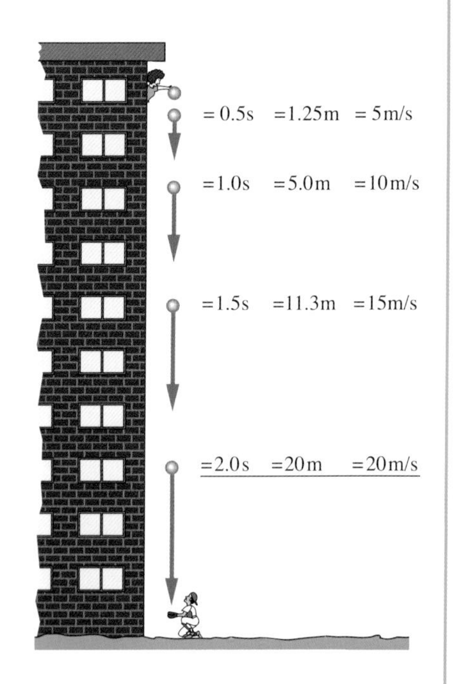

기 위해서는 수평 방향과 수직 방향으로의 힘이 다 필요합니다. 그리고 이 두 가지 성분의 힘이 적절하게 배합되었을 때, 공은 가장 멀리 날아가지요. 공이 날아갈 때 공의 경로를 따라 선을 그려보면 공은 포물선을 그리며 날아갑니다.

골프공 이야기에서 이미 살펴보았듯이, 공은 던지는 힘이 일정할 때 지면에 대하여 던지는 각도가 45° 일 때 가장 멀리 날아가고, 그 다음으로 30° 와 60° 일 때 멀리 날아간다고 알려져 있습니다.

그런데 농구의 경우에는 공을 무조건 멀리 보내는 것이 아니라 목표한 지점에 정확하게 공이 도착해야 합니다. 선수가 슛 동작을 할 때, 공을 던지는 손의 위치는 키보다 약간 높은 2m 내외인 반면, 골대는 3m의 위치에 있으므로 포물선을 따라 이동하는 공의 경로를 약간 위쪽으로 조정해야 할 필요가 있습니다. 공의 출발지점과 목표지점이 같은 높이일 때는 투사각도와 낙하각도가 일치하지만, 목표지점이 보다 높을 때에는 낙하 각도가 더 작아지기 때문입니다. 따라서 슛을 성공시키기 위해서는 좀더 투사 각도를 높여서 던져야 하지요. 일반적으로는 45° ~52° 사이의 각도가 제일 적당하다고 알려져 있습니다.

그런데 실제로 농구 경기를 보면 포물선을 그리며 날아가 깨끗하게 그물을 통과하는 슛보다는 농구대 뒤편에 있는 백보드를 맞고 튕겨 나오면서 그물에 떨어지는 경우가 훨씬 많습니다. 선수들은 뛰면서 혹은 움직이면서 슛을 하기 때문에 매번 정확한 투사 각도로 공을 던질 수 없으므로 백보드를 적절히 이용하여 슛을 하는 것이지요.

이때 속도가 너무 빠르면 공이 링이나 백보드를 맞고 튕겨 나올 가능성이 크고, 너무 느린 속도로 던지면 골까지 갈 수 없습니다. 즉, 적당한 슈팅 속도가 중요한데, 가장 이상적인 슈팅 속도는 골대까지의 거리에 비례한다고 합니다.

그래서 5.8m 거리의 자유투는 초속 5.8m의 속도로 던지는 것이 성공 확률이 가장 높고, 3점 슛은 6.25m의 거리에서 던지는 것이 가장 좋다고 해요.

여기서 잠깐!

농구공 던지기 속의 과학

농구공을 던져 슛을 성공시키려면 농구공이 낙하하는 중에 들어가는 것이 훨씬 유리하다. 다음 그림 (1)에서 어떻게 던진 공이 가장 성공 확률이 높을까? 그 답은 그림 (2)에 있다. 공이 깨끗이 골인되는 각도는 농구공의 지름과 골대의 지름에 의해서 결정되는데, 그림 (2)에서처럼 공이 골대로 똑바로 떨어지는 것이 더 확률이 높다.

그림에서 빗금 친 부분은 골인될 때 공의 중심이 변할 수 있는 범위이다. 그림에서 알 수 있듯이 똑바로 떨어질 경우 골인될 수 있는 경로가 더 넓다. 따라서 농구공을 던질 때는 포물선으로 던지되, 각도를 잘 조절하여 골대 위에서 똑바로 떨어지게 하는 것이 좋다.

(1)

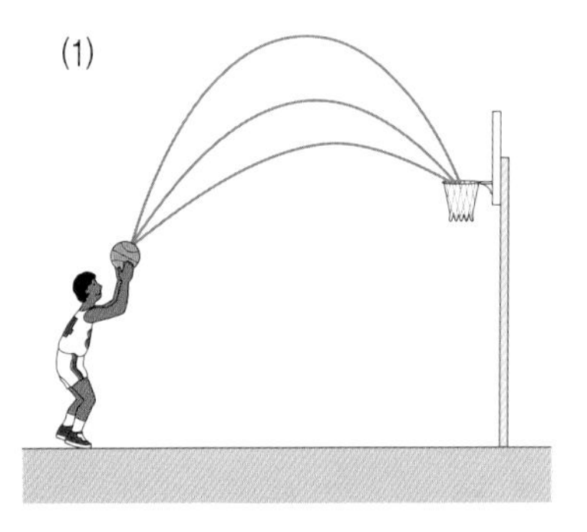

(2)

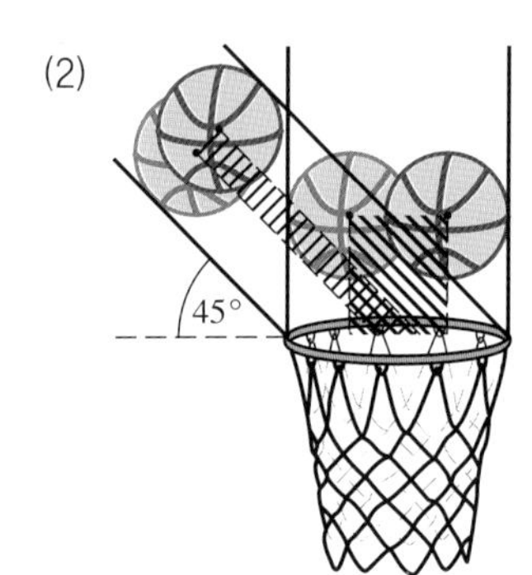

14

점프

중력의 법칙

지구에 있는 모든 물체는 중력의 법칙에 지배를 받습니다. 따라서 공중에 있는 모든 물체는 땅으로 떨어지기 마련이지요. 그러나 마이클 조던Michael Jordan이나 샤킬 오닐Shaquille O' neal이 바스켓을 향해 솟아올라 공중에서 머무르는 동안에는 중력의 법칙을 거스르는 듯한 착각을 하게 됩니다. 보통 사람들보다 훨씬 높은 3.5m의 농구 골대까지 뛰어오르기 때문이지요.

미국 프로 농구의 전설로 기억되는 마이클 조던. 그는 먼 거리에서 뛰어올라 덩크슛을 하는 '에어 덩크'를 구사하였다.

그렇다면 이들이 공중에 머무르는 시간은 얼마나 될까요? 2초? 3초? 아닙니다. 놀랍게도 뛰어난 점프 선수들인 이들이 공중에 머무르는 시간은 1초가 채 되지 않습니다. 이들도 결국 지구 중력의 법칙에 지배를 받는 사람들인 것이지요.

발로 바닥을 밀면 반대로 몸이 위로 솟아오르는 힘이 생깁니다. 점프를 할 때 도약의 높이는 점프를 시작하기 전에 다리를 얼마나 깊이 굽힐 수 있는가에 달려 있습니다. 깊게 웅크릴수록 더 높이 뛰어오를 수 있지만, 너무 깊이 구부리면 역효과가 나타나기도 합니다. 근육은 보통 20% 정도가 늘어났을 때 최대의 힘을 발휘할 수 있습니다. 따

다리를 굽혔다가 펴면서 바닥을 발로 밀면 높이 점프할 수 있다.

라서 너무 깊이 구부리면 다리 근육이 많이 늘어나게 되어 오히려 힘을 내지 못합니다.

다리 근육 이외에 위 방향으로 가속도를 증가시켜 도약을 높이는 방법이 있습니다. 작용 반작용의 원리에 의하여 몸과 발이 아래 방향으로 밀어내는 힘을 증가시키는 것이지요. 즉, 몸이 위로 올라갈 때 팔을 흔들어 위로 올리면, 어깨와 등의 근육이 팔을 들어올릴 때 작용하는 위로 향하는 힘이 반대로 몸을 아래 방향으로 향하게 하는 반작용력을 만들어냅니다. 이때는 발이 땅에서 떨어지기 전에 팔을 들어 올리는 동작을 끝내야 합니다. 공중에서는 아래 방향으로의 반작용력을 만들어낼 수 없기 때문입니다.

선수들이 제자리에 가만히 서 있다가 덩크슛을 하기는 매우 어렵습니다. 그래서 경기의 진행 중 골대 쪽으로 뛰어오면서 도약을 하는 것이지요.

또한 바닥재에 따라 발로 바닥을 밀 때 저장되는 **탄성에너지**는 도약자를 위로 밀어 올리는 데 도움을 주기 때문에 딱딱한 아스팔트나 콘크리트 바닥보다는 나무마루 등으로 이루어진 실내에서 1인치 정도 더 높이 뛸 수 있다고 합니다.

탄성에너지

용수철과 같은 탄성체가 변형되었을 때, 원래의 상태로 되돌아가려는 탄성력에 의해 저장된 에너지를 말한다. 즉, 탄성력에 의해 할 수 있는 일의 양이다. 탄성에너지는 변형된 정도에 비례한다.

15

코리아의 영원한 1등, 양궁

중력과 포물선 운동

양궁은 일정한 거리에 있는 과녁을 향해 화살을 쏘아 맞춘 결과로 승패를 나누는 운동입니다. 양궁이 스포츠로서 선을 보인 것은 1538년 영국 헨리 7세 때, 오락용으로 몇 차례 시합을 가진 것에서부터라고 해요. 또한 올림픽에서 정식 종목으로 채택된 것은 1972년 뮌헨 올림픽 때입니다.

'양궁'은 일반인에게 인기가 있는 스포츠는 아니지만 우리나라가 세계에서 항상 1등을 하기 때문에 특별한 관심을 가지는 종목이지요. 아테네 올림픽에서도 우리나라는 박성현 선수의 여자 개인전을 포함해 모두 3개의 금메달을 따

세계 1등을 고수하는 우리나라 여자 양궁 선수들.

세계 1등자리를 당당히 지켰어요.

양궁은 어떻게 보면 매우 단순한 운동인 것처럼 보입니다. 왜냐하면 화살을 잘 조준해서 과녁에 정확하게 맞추기만 하면 되니까요. 그렇지만 알고 보면 양궁처럼 섬세하고 복잡한 기술을 필요로 하는 종목도 없을 거예요.

양궁 선수들이 화살을 쏠 때의 모습을 자세히 보세요. 화살의 끝이 약간 위로 향해 있는 것을 볼 수 있어요. 이것은 활시위를 떠난 화살이 포물선 운동을 하는 것을 염두에 둔 행동이지요.

이런 행동은 축구나 농구 경기에서도 흔히 볼 수 있는 것입니다. 골키퍼가 상대 진영 깊숙이 공을 찰 때 하늘을 향해 높이 공을 차지요. 이때 축구공은 큰 포물선을 그리며 날아가는 것을 보았을 거예요. 또한 농구 경기에서 슛을 할 때도 적당한 각도로 위를 향해 공을 던져 슛을 성공시키는 모습을 볼 수 있어요.

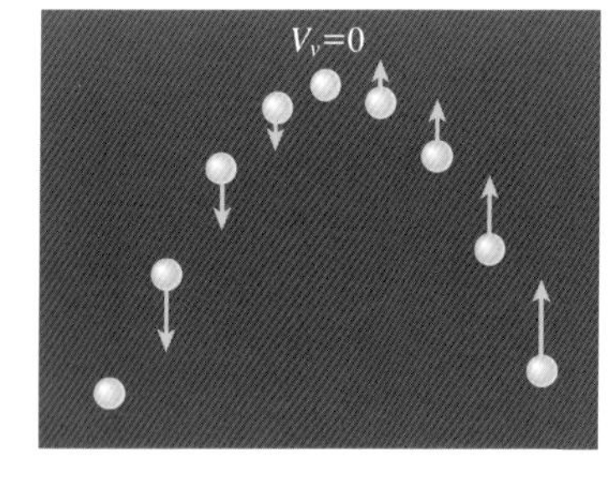

중력은 공을 아래로 향해 낙하 운동을 하게 한다.

그러면 화살, 축구공, 농구공 등이 포물선 운동을 하는 까닭은 무엇일까요? 그것은 바로 **중력** 때문이랍니다. 지구에서 질량을 가진 모든 물체는 지구 중심 쪽으로 향하는 중력의 영향을 받습니다. 따라서 양궁 선수는 중력을 잘 고려하여 화살을 쏴야 합니다. 다행히 중력의 값은 지표면에서 크게 차이가 나지 않기 때문에 훈련을 많이 한 선수들은 그 크기를 잘 가늠할 수 있답니다. 하지만 문제는 포물선 운동에 중력만 작용하는 것이 아니라는 데 있지요.

포물선 운동에 영향을 끼치는 것이 또 무엇이 있는지 한번 생각해 볼까요?

첫째, 초기 발사 속도가 있어요. 초기 발사 속도란, 양궁 선수가 활시위를 얼마나 세게 당기는가에 따라 달라지는데,

큰 힘을 쓸수록 화살의 발사 속도가 빨라진답니다. 화살의 속도가 빠르면 빠를수록 과녁에 빨리 도달하게 되는데, 이때 화살은 속도가 느린 화살보다는 중력의 영향을 적게 받으므로 밑으로 낙하할 수 있는 시간이 줄어듭니다. 따라서 밑으로 떨어지는 거리가 줄게 되는 거지요. 이럴 경우에는 발사 각도를 줄여야 합니다.

발사 속도를 결정하는 것은 선수의 힘뿐만은 아니랍니다. 화살의 무게와 매끈한 정도, 활의 탄성력도 크게 영향을 끼치지요.

화살은 가볍고 겉이 매끈할수록 같은 힘을 주더라도 빠르게 날아갑니다. 그래서 옛날에는 화살의 재료로 대나무를 많이 사용했습니다. 대나무는 속이 비어 가볍기 때문이지요. 그러나 표면에 마디가 있어 화살이 날아갈 때 공기의 저항을 받아 정확성이 떨어졌어요. 이러한 문제점을 극복한 것이 알루미늄 화살이었어요. 최근에는 경기용으로 알루미늄 화살에 비해 20~30% 정도 가늘고 가벼운 카본 carbon화살을 사용하고 있어요.

활과 활시위의 탄성력 또한 초기 발사 속도에 큰 영향을 준답니다. 탄성력의 크기는 변형의 크기에 비례하기 때문에 활과 활시위는 탄성이 큰 재질을 사용하지요. 특히 양궁에서는 활시위(활의 현)의 탄성력이 크게 좌우하기 때문에 이에 대한 연구가 많이 행해지고 있답니다. 과거에는 식물 섬유(우리나라 전통 활인 국궁의 활시위는 명주실 백 가닥을 꼰 것을 사용했다고 해요), 동물의 힘줄이나 가죽 등을 사용했어요. 그러다가 최근에는 S4라고 불리는 초고분자 폴리에틸렌 섬유를 사용하고 있어요. 이 소재의 특징은 매우 가볍고, 탄성이 매우 뛰어나다는 것이지요. 이제 양궁은 선수들의 실력뿐만 아니라 재질에 숨겨진 첨단 과학도 매우 중요한 변수가 되었습니다.

둘째, 발사 각도가 있어요. 대포의 발사 거리는 보통 화약의 양에 따라 결정되지요. 화약을 많이 사용할수록 멀리 포탄이 날아가지요. 하지만 대포의 크기에 따라 사용할 수 있는 화약의 양은 정해져 있습니다. 크기가 작은 대포에 많은 양의 화약을 넣으면 대포가 폭발하여 사용할 수 없습니다. 그렇다면 같은 양의 화약을 사용할 때 포탄을 가장 멀리 보낼 수 있는 방법에는 무엇이 있을까요? 그것은 발사 각도를 조절하는 것이랍니다.

그러면 발사 각도가 몇 도일 때 포탄이 가장 멀리 날아갈까요? 언뜻 생각이 나지 않으면 축구공을 찬다고 생각해보세요. 공기의 저항을 무시할 때, 포물선 운동에서 발사 각도가 45° 일 때 물체는 가장 멀리 이동할 수 있어요. 그 이유는 포물선 운동에서 속도는 수평 방향의 속도와 수직 방향의 속도가 합쳐진 것이기 때문이지요.

그러므로 양궁 선수들은 오랜 훈련으로 다져진 감각에 의해 적당한 힘으로 초기 발사 속도를 정하고, 과녁이 떨어진 거리를 감안하여 발사 각도를 정해서 화살을 쏘아야 정확하게 과녁을 맞출 수 있어요. 양궁은 30, 50, 60, 70, 90m의 거리에 따라 종목이 달라지기 때문에 각 종목마다 정확하게 계산된 초기 발사 속도와 발사각도를 정해 화살을 쏴야 해요.

그렇지만 세상 일이 그렇게 간단한 것은 아니랍니다. 양궁은 실외에서 하는 경기이므로 공기의 저항과 바람의 영향을 크게 받습니다. 공기의 저항과 바람의 세기에 따라 화살은 과녁의 중심에서 벗어나 전혀 엉뚱한 곳에 꽂힐 수 있어요.

화살이 날아갈 때 적용되는 공기의 저항은 화살의 뒷부분에 **화살 깃**을 만들어 줌으로 해결할 수 있어요. 화살이 빠른 속도로 공기 속을 날아가면 화살은 심하게 요동치며 흔들리는데, 화살 깃은 그 흔들림을 방지하는 역할을 해준답니다. 또한 화살을 회전시켜 비행의 안정성을 높여 주지요. 공기의 저항은 어느 정도 기술적인 방법으로 해결이 가능하다고 하지만, 선수들에게 가장 큰 부담을 주는 것은 양궁 대회가 열리는 경기장에서 변화무쌍하게 부는 바람이랍니다.

화살깃은 비행 시 흔들림을 방지하는 역할을 한다.

바람이 불면 바람에 펄럭이는 옷소매가 활시위에 스쳐 결과에 영향을 주기도 하고, 또 바람이 활이나 활시위를 스쳐지나가면서 내는 소리는 예민한 선수들의 신경을 자극하여 집중력을 떨어뜨리기도 합니다. 이 때문에 경험이 적은 선수들은 훌륭한 실력을 갖추고 있으면서도 정작 바람 때문에 자신의 실력을 제대로 발휘할 수 없는 경우가 허다하지요.

그러면 양궁 선수들은 바람과의 싸움을 어떻게 할까요? 선수들은 이러한 상황에 대비하여 평소에 '오조준' 연습을 한답니다. 오조준이란, 바람의 방향과 세기에 따라 과녁에서 원래 목표 지점이 아닌 곳을 임시로 정해 그곳에 화살을 쏘는 것을 말해요. 다시 말해 오조준을 한 목표 지점에 화살을 쏘면, 바람의 영향으로 화살이 원래 목표지점인 과녁의 중앙에 가서 꽂히는 것이지요.

바람이 불 때 선수들은 오조준 지점으로 조준하여 화살이 과녁 중앙에 꽂히도록 한다.

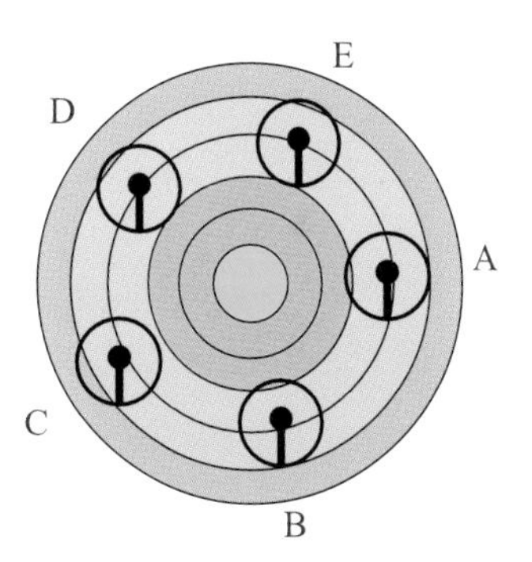

이러한 오조준을 할 때, 선수들은 바람의 세기와 방향을 정확하게 가늠해야 합니다. 옆의 그림은 오조준을 할 때 머릿속으로 그리는 과녁입니다. 가운데 노란 지점은 제일 많은 점수를 받는 선수들의 최종 목표 지점이지요. 그래서 선수들은 화살이 노란 지점에 떨어지도록 조정을 하고 쏘지요. 하지만 바람이 불 때는 노란 지점을 노리고 화살을 쏘면 노란 지섬에 떨어지지 않아요. 왜냐하면 화살이 날아가는 동안 바람이 화살을 밀어 딴 곳으로 보내기 때문이지요.

그러므로 바람이 부는 방향과 세기에 따라 오조준을 하는 목표 지점을 그림의 A~E로 정해, 그곳을 목표로 화살을 쏜답니다. 오조준 목표 지점인 A는 바람이 오른쪽에서 왼쪽으로 불 때에, C는 바람이 왼쪽에서 오른쪽으로 불면서 또한 아래에서 위로 솟아오르는 경우에, E는 바람이 오른쪽에 왼쪽으로 불고, 아래로 향하는 힘도 있을 때 각각 해당하는 곳이지요.

양궁 선수들이 이렇게 오조준 과녁판을 염두에 두는 것은, 양궁 선수들은 잘 모르겠지만 화살과 바람이 가지고 있는 힘을 합성시키는 물리적인 원리에 따른 것이랍니다.

힘의 합성과 합력
힘의 합성 : 한 물체에 둘 이상의 힘이 동시에 작용할 때, 이들 힘과 똑같은 작용을 하는 한 개의 합
합력 : 둘 이상의 힘과 같은 효과를 나타내는 한 힘

힘은 더하거나 뺄 수 있는데, 우리는 이를 **힘의 합성**이라고 하고, 이때 더해진 힘을 **합력**이라고 합니다. 힘의 합성은 힘이 작용하는 방향에 따라 다음과 같이 세 가지 경우로 나눌 수 있어요.

작용하는 방향이 같은 두 힘의 합력인 경우

한 물체에 두 힘이 같은 방향으로 동시에 작용할 때에, 두 힘의 합력은 다음의 용수철저울 그림에서 보는 것처럼 두 힘의 크기를 합한 값과 같습니다.

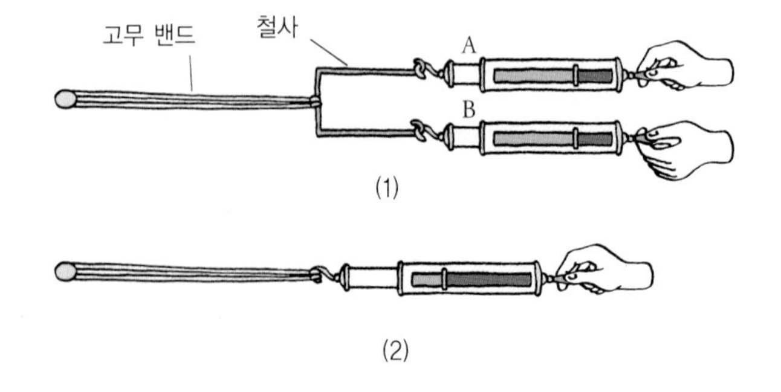

방향이 같은 두 힘의 합력. 그림 (1)에서 힘 용수철 A와 B의 합력은 그림 (2)의 용수철에 나타난 값과 같다.

작용하는 방향이 서로 반대인 두 힘의 합력

작용하는 방향이 서로 반대인 두 힘이 한 물체에 동시에 작용할 때, 합력의 크기는 큰 힘에서 작은 힘을 뺀 값과 같습니다. 다음 그림에서 큰 힘을 F_1, 작은 힘을 F_2라고 하면 합력 $F = F_1 - F_2$이고, 합력의 방향은 큰 힘의 방향과 같지요.

F_2 ← ■ → F_1 = ■ → F

$$F_1 - F_2 = F$$

방향이 나란하지 않은 두 힘의 합성

한 물체에 두 힘이 나란하지 않게 동시에 작용할 때, 두 힘의 합력은 다음 그림과 같이 이웃 변으로 하는 평행사변형을 그리면 알 수 있어요. 이때 합력의 크기는 대각선의 길이가 된답니다.

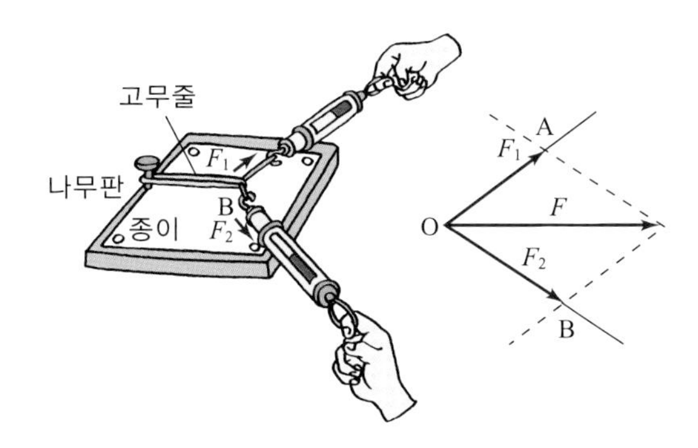

두 힘이 나란하지 않게 작용할 때, 힘의 합력은 이웃 변으로 하는 평행사변형의 대각선의 길이이다.

이러한 경우는 다음 그림과 같이 두 사람이 힘을 합쳐 물건을 옮기거나 들 때 흔히 경험할 수 있어요. 이때 두 사람이 작용하는 힘이 클수록, 힘이 작용하는 사이의 각이 작을수록 힘의 합력은 커지지요.

이러한 합력을 우리는 바람이 부는 양궁 경기장에서 볼 수 있어요. 시위를 떠난 화살의 앞으로 나아가려는 힘과 옆쪽에서 부는 바람의 힘이 합쳐질 때, 화살은 두 힘의 합력이 가리키는 방향으로 날아간답니다.

어때요? 양궁 선수들이 단순히 운동 실력만 좋아서는 안 되겠지요? 양궁 선수들은 직접 배우지는 않았지만 어느새 과학자들 못지않게 많은 물리학적인 지식을 몸으로 배우고 있었던 것입니다.

1. 국궁國弓과 양궁洋弓의 차이점은 무엇일까?

활을 사용하는 스포츠에는 우리 민족 전통의 활을 사용하는 국궁과, 1960년 초 서양에서 들어온 양궁이 있습니다. 활의 탄성력을 이용해 활을 멀리, 정확하게 쏘는 기본적인 원리는 같지만 몇 가지 점에서는 차이점을 보입니다.

사거리의 차이

활을 쏘는 거리를 사거리라고 하는데, 국궁은 145m의 한 가지 고정 사거리를 사용하고, 양궁은 최대 사거리를 90m로 잡고 경기 종목에 따라 사거리를 여러 가지로 나눕니다.

국궁과 양궁의 사거리에 큰 차이가 보이는 것은 경기 규칙의 문제가 아니라 국궁이 양궁보다 탄성력이 훨씬 뛰어나기 때문입니다. 활의 모양을 살펴보면 알 수 있는데, 국궁은 활이 둥그스름하게 잘 휘어지도록 되어 있으나 양궁은 활이 거의 직선형입니다. 또한 국궁은 손잡이가 가늘고 손잡이 부분이 활을 당기는 사람 방향으로 들어와 있어 활에 더 많은 힘을 작용시킬 수 있습니다. 과학적으로 국궁이 양궁보다 탄성력이 우수하고, 작용과 반작용의 법칙에 잘 부합된 것이라 할 수 있습니다.

과녁 맞추기와 조준기

국궁은 힘이 좋아 화살이 멀리 날아갈 수 있다는 장점이 있지만, 활을 쏠 때 손잡이가 얇아 진동이 양궁보다 심한 단점이 있습니다. 그래서 국궁에서는 과녁판의 둥근 부분 안 어디를 맞추어도 명중으로 간주하고, 양궁은 과녁판에 원의 크기를 달리하여 가운데 맞출수록 높은 점수를 주고 있습니다.

또한 과녁판에 조준을 할 때, 국궁은 화살 끝부분으로 조준을 하지만, 양궁은 활에 부착된 조준기를 이용하여 조준을 합니다.

• 사이트(sight) : 양궁의 활에 부착되어 있는 조준기. 거리에 따라 상하좌우 조정을 한다. 표적 경기에서는 조준기를 하나밖에 사용할 수 없으며, 광학렌즈 등은 사용할 수 없다.

활의 사용법

활을 당길 때, 국궁은 활의 오른쪽 면에 화살을 걸치고, 양궁은 활의 왼쪽에 있는 애로우레스트에 화살을 걸치므로 화살을 놓은 위치가 다릅니다. 양궁의 애로우레스트가 있는 부분은 파여 있는데, 이것은 화살이 가운데 방향으로 잘 날아가게 하기 위해 만든 것입니다. 반면 국궁은 파여 있는 부분이 없어 활을 쏠 때 활을 약간 왼쪽으로 틀어줘 화살이 잘 날아가게 도와줘야 합니다. 또한 양궁은 활줄을 턱밑까지 당기고, 국궁은 귀밑까지 당깁니다.

- 애로우레스트(arrow rest) : 화살이 발사될 때 화살의 깃이 활에 접촉되지 않도록 하는 부품. 플라스틱제, 금속제 등이 있고 화살을 받쳐주는 구조로 되어 있다.

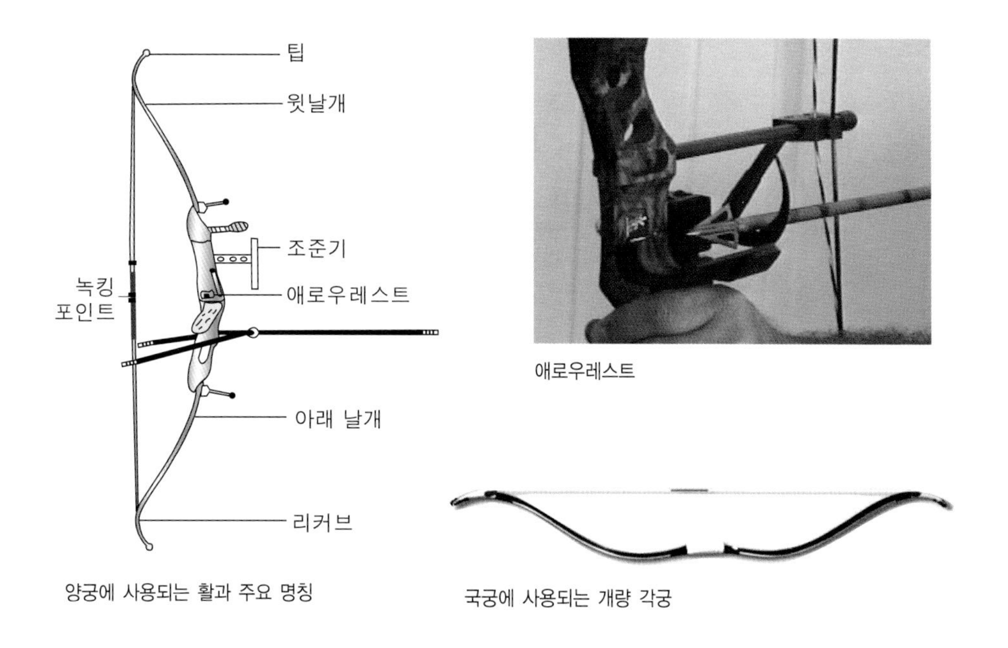

양궁에 사용되는 활과 주요 명칭

애로우레스트

국궁에 사용되는 개량 각궁

기타 장비

양궁에서는 활을 쏠 때, 활줄이 팔에 맞는 것을 보호하기 위해 암 가드(arm guard)를 착용하고 국궁은 팔찌를 착용하는데, 모양은 서로 비슷합니다.

2. (양궁에 사용하는) 화살의 특징

화살은 선수들이 좋은 기록을 내는 데 가장 중요한 역할을 합니다. 화살은 아주 빠른 속도로 날아가기 때문에 약간의 차이가 생기더라도 점수에 큰 변화를 줄 수 있습니다.

각 종목의 최고 속도 비교

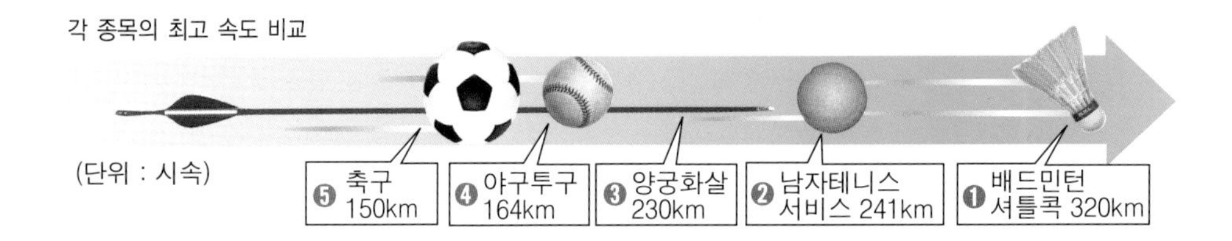

화살에 대한 규정

국제양궁연맹에서는 화살에 대해 다음과 같은 규정을 두고 있습니다.

'어떤 유형의 화살이든지 표적 경기에 사용되는 화살이라는 개념과 원리에 부합되며 그런 화살이 표적지나 표적받침대에 심한 손상을 주지 않는 한 사용될 수 있다. 화살은 포인트에 달린 샤프트와 노크, 깃(fletching)으로 구성되어 있고 필요하다면 화살 식별 표시 크레스트라인을 사용할 수 있다. 화살 샤프트의 최대 지름은 9.3mm를 넘지 않아야 한다. 화살 포인트의 최대 지름은 9.4mm일 수 있다.'

화살 각부의 명칭

샤프트(shaft) – 화살의 파이프 부분. 대나무, 두랄루민, 카본 등이 주로 쓰인다. / 포인트(point) – 화살의 촉. 스테인리스와 같은 튼튼한 금속으로 만들어진다. / 크레스트라인(crest line) – 샤프트에 그려져 있는 띠 모양의 선으로, 시합에 사용하는 것에는 선수 자신의 성명이나 사인을 반드시 적어두어야 한다. / 노크(nock) – 화살을 끼우기 위해 화살의 뒤 끝에 덮어씌우는 구조로 된 플라스틱 부품. / 깃 – 화살의 비행을 안정시키기 위해 샤프트에 붙어 있다. 사용자의 취향에 맞게 비행의 안정과 화살의 속도를 감안하여 선택한다.

화살 깃의 역할

아주 빠른 속도로 날아가는 총알이나 화살 같은 것들은 안정적으로 목표물에 맞힐 수 있도록 보조 장치가 필요합니다. 총알을 회전시켜 날아가게 하는 총열의 강선과, 화살을 회전시켜주는 화살 깃이 바로 그런 장치입니다. 이처럼 총알이나 화살을 회전시키는 이유는 회전하는 물체일수록 운동에 안정성이 있기 때문입니다. 회전하는 팽이일수록 조용히 운동하는 것을 생각하면 그 이유를 쉽게 이해할 수 있습니다.

국제양궁연맹에서는 화살 깃에 대한 규정을 따로 두지 않고 있습니다. 선수들은 각자 어떤 재질의 깃을 사용하고, 회전을 어느 정도 주느냐에 따라 화살의 정확성이 달라지므로 많은 연구가 필요합니다. 특히 화살 깃의 경우에 상처가 나거나, 뒷부분이 휘어진 경우에는 원하는 방향으로 날아가지 않기 때문에 경기 전에 특별한 주의가 필요합니다.

16

라켓의 과학

테니스 라켓과 장력

테니스 라켓은 커다란 프레임frame에 가로와 세로줄이 얽혀 있습니다. 라켓에 쓰이는 줄은 가로와 세로로 잡아당겨져서 프레임에 묶여 있습니다. 이때 줄에는 잡아당겨지는 힘, 즉 **장력**이 작용합니다. 줄다리기에서 수평으로 길게 잡고 양쪽에서 잡아당길 때 줄에 작용하는 힘이 장력입니다.

장력

잡아당기는 힘. 예를 들어 실에 매어놓은 물체를 잡아당길 때 실에 작용하는 힘을 말한다. 비눗방울이나 물방울 등이 면적이 다른 물질과의 경계면에서 면적을 최소화하기 위해 구형을 이루며 서로 잡아당기는 힘을 표면장력이라고 한다.

어떤 물체가 실에 의해 천장에 매달려 있을 때, 중력이 물체를 아래 방향으로 잡아당기지만 물체가 아래로 떨어지지 않는 이유는 실에 의해 위 방향으로 장력이 작용하기 때문이지요.

라켓의 줄에 공이 충돌하면 줄이 변형되면서 공이 가지고 있는 에너지의 일부분이 라켓의 줄과 프레임에 전달됩니다. 변형된 줄은 전달받은 에너지를 탄성 에너지의 형태로 저장했다가 원 상태로 복원되면서 탄성 에너지를 공으로 되돌려 보냅니다. 이때, 줄을 팽팽하게 매어 라켓의 장력이 높을 때에는 저장될 수 있는 탄성 에너지가 작기 때문에 공에 되돌려주는 에너지도 작지만, 줄을 약간 느슨하게 매어 장력이 낮을 때에는 공에 되돌려 주는 에너지도 증가합니다.

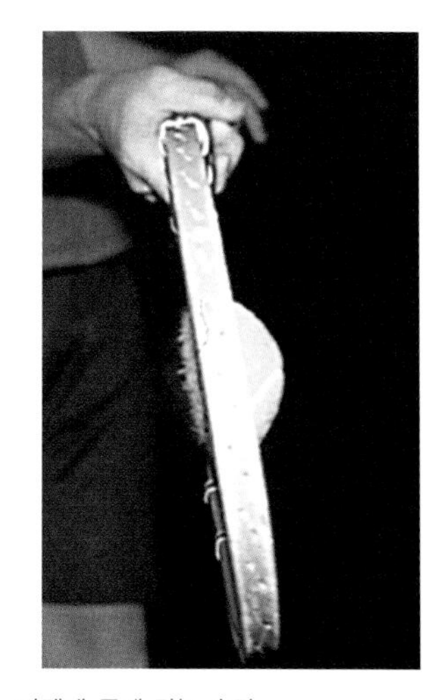
라켓에 공에 닿는 순간

그러나 무조건 줄의 장력을 낮춘다고 좋은 것은 아닙니

다. 장력이 아주 낮으면 공과 줄의 충돌 시간이 늘어나면서 진동 등의 다른 에너지로 전환되기 때문에 오히려 되돌려 받는 에너지가 줄어들게 됩니다. 따라서 튕겨 나오는 공의 속도도 오히려 느려집니다. 따라서 적절한 장력으로 라켓에 줄을 매는 것이 중요합니다.

하나의 라켓에서도 부분에 따라 줄의 장력은 달라집니다. 일반적으로는 라켓의 끝 부분이 제일 탄성이 낮고, 손잡이 가까운 부분이 제일 탄성이 높습니다. 그리고 라켓의 중심축에서부터 멀어질수록 탄성은 낮아집니다. 그러나 공의 속도에 따라, 또 공이 충돌하는 위치에 따라, 진동이 얼마나 발생하는지에 따라 공이 튀어나오는 속도는 달라지므로, 라켓의 어느 부분으로 공을 쳤을 때 가장 좋은지는 선수의 느낌에 따라 달라진다고 할 수 있지요.

태권도 격파 속에 숨은 장력

> **택견**
> 삼국시대 이전부터 자연적으로 발생하여 발달해온 우리 고유의 맨손 무예. 조선시대를 거치면서 양반계층에서 소외되었으나 서민층에서는 민속놀이화되어 전승되었다. 일제시대 민족문화말살정책으로 금지당하여 사라질 위기에 처했으나 송덕기 옹 등에 의하여 그 명맥이 유지되었으며, 1983년 6월 1일 중요 무형문화재 제76호로 지정되었다.

태권도는 우리 민족의 고유 무술인 택견과 함께 발달한 스포츠로 1971년에 국기로 인정받았고, 2000년 시드니 올림픽 때부터 정식 종목으로 채택되었습니다. 2004년 아테네 올림픽에서는 문대성 선수가 마지막 뒷발차기로 금메달을 목에 걸어 국민들을 기쁘게 했지요.

태권도의 묘미는 뭐니뭐니해도 숙련된 유단자들이 송판(얇은 나무판), 벽돌 등을 격파하는 데서 찾아볼 수 있습니다. 나무판과 벽돌 등은 산산조각이 나는데 정작 시범을 보인 사람의 손은 멀쩡하니, 작용과 반작용이라는 물리 법칙을 배운 우리로서는 신기한 일이 아닐 수 없습니다. 비밀은 '장력'이라는 힘에 있습니다.

태권도 선수들이 송판을 깨는 시범을 보면, 판의 양쪽은 고정시켜 놓고 중앙을 가격하여 격파하는 것을 볼 수 있습니다. 이때 송판은 충격 때문에 휘어지게 되는데, 아래쪽은 늘어나는 장력을 받고 위쪽은 압축력을 받습니다. 그런데 나무는 특히 장력에 약하므로, 아래쪽부터 균열이 생기기 시작합니다. 손이 송판에 충격력을 주는 동안 아래쪽부터 시작한 균열이 점차 위쪽으로 옮겨가면서 나무판이 두 동강이 나는 것이지요.

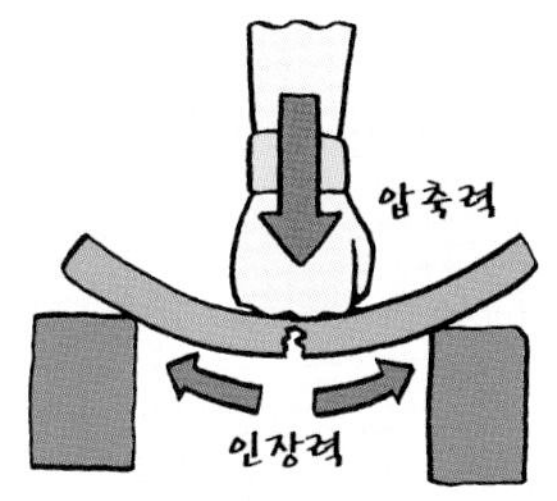

이때 송판을 고정시켜 놓은 양쪽의 거리가 좁을수록 격파하는 데 더 큰 힘이 들게 되고, 고정시켜 놓은 지점 사이의 거리가 멀수록 더 잘 격파되는 것도 장력 때문입니다. 송판을 고정시켜 놓은 양쪽의 거리가 멀수록 장력이 강하게 작용하기 때문입니다.

한편, 사람의 손에도 나무판에 가하는 힘만큼 반대 방향의 힘이 작용하므로 손도 충격을 받아 아픕니다. 하지만 사람의 손뼈는 힘이 가해지면서 누르는 압축력에도 비교적 잘 견디며, 휘는 힘에도 콘크리트보다 훨씬 강하므로 충격을 충분히 견디는 것이지요. 그렇기 때문에 나무판은 격파되는 데 반해, 시범을 보인 사람의 손은 멀쩡한 것입니다.

내용정리

1. 물체의 운동방정식

어떤 물체가 운동할 때 처음 속도(V_0)와 물체에 가해지는 가속도(a)를 알면, t초 후의 속도(V)와 이동거리(s) 등을 구할 수 있다. 구하는 식은 다음과 같다.

t초 후의 속도 구하는 식 : $V = V_0 - at$

이동거리 구하는 식 : $s = V_0 t + \frac{1}{2}at^2$

가속도 구하는 식 : $V^2 - V_0^2 = 2as$

2. 자유 낙하 운동과 포물선 운동

공을 가만히 들고 있다가 놓으면 물체는 오직 중력의 영향만을 받아 아래로 운동하게 된다. 이러한 물체의 운동을 자유 낙하 운동이라고 하는데, 초속도는 0이지만, 중력가속도에 의해 물체는 1초에 9.8m/s씩 가속된다. 즉, 처음 1초간 낙하하는 거리는 9.8m, 그 다음 1초간은 19.6m, 그리고 다음 1초간은 29.4m를 낙하하게 된다.

한편 지면으로부터 비스듬한 방향으로 던진 공의 운동을 생각할 때는 수평 방향과 연직 방향으로 분리해서 생각해야 한다. 수평 방향으로는 손을 떠난 후 아무런 힘이 작용하지 않으므로 등속 운동을 하며, 연직 방향으로는 점차 속력이 감소하며 위로 올라가다가 정점에 이른 후 자유 낙하하는 운동 경로를 따른다. 이 두 가지 운동은 동시에 일어나므로 두 경로를 합성하여 공의 운동 경로를 따라가면 포물선을 그리게 된다. 이처럼 비스듬하게 위로 던져진 공의 운동을 포물선 운동이라고 한다.

3. 탄성 에너지

탄성력에 의해 저장되는 위치 에너지를 탄성 에너지라고 한다. 예를 들어 용수철을 길이 x만큼 늘이면 용수철에는 본래의 상태로 돌아가려는 힘(복원력)이 생기는데, 이 힘(F)은 용수철의 늘어난 길이에 비례하며 $F = -kx$로 표시된다. 여기서 비례상수 k는 탄성계수이고, 부호 (−)는 힘의 방향이 용수철의 늘어나는 방향과 반대임을 나타낸다. 이때 탄성계수가 k인 용수철을 x만큼 늘이는 데 필요한 일의 양(W)이 용수철에 저장된 탄성 에너지의 양이며 다음과 같이 나타낸다.

$$W = \frac{1}{2}kx^2$$

3장

수영 속에 숨어 있는 과학

중학교 1 파동-음파
중학교 2 물질의 특성-밀도
고등학교 회전 운동과 각운동량

1

사람의 몸은 물에 뜬다

밀도와 부력

물고기가 헤엄치는 모습을 보면, 꼬리지느러미의 생김새나 모양에 관계없이 꼬리를 흔들어 추진력을 얻는다는 것을 알 수 있습니다.

사람도 물속에서 헤엄칠 수 있습니다. 물론 물속에 사는 생물들보다 형편없는 속도이지만 말이지요. 사람이 물속에서 헤엄칠 때 얻는 추진력은 주로 물을 젓는 팔에서 얻습니다. 물속에서 팔과 함께 손으로 물을 끌어당겨 뒤로 밀어내면 물은 그만큼의 힘으로 사람의 몸을 앞으로 밀어냅니다. 바로 작용과 반작용의 법칙이지요. 그러면 수영을 할 때 열심히 물장구를 치는 다리는 어떤 역할을 할까요? 물고기가 꼬리지느러미를 열심히 흔들어대는 이유와 같을까요? 다음의 글을 읽으면 답을 알 수 있어요.

가벼운 스티로폼을 물에 넣으면 수면 위에 떠 있습니다. 그러나 무거운 쇠못을 물에 넣으면 바닥에 가라앉습니다. 이때 '가볍다' 또는 '무겁다'라고 하는 것은 물체의 전체 질량이 얼마나 큰지 또는 작은지를 말하는 것이 아닙니다. 같은 부피를 가진 물체의 질량을 비교했을 때 무거운지 또는 가벼운지를 말하는 것이지요.

이와 같이 일정한 부피를 가진 물체의 질량을 나타내는

여러 가지 물질의 밀도	
물질 이름	밀도(g/cm³)
공기	0.000084
100℃ 수증기	0.00060
4℃ 물	1
에틸알코올	0.789
수은	13.55
금	19.3
철	7.87
납	11.34

아르키메데스 Archimedes

BC 287?~BC 212

고대 그리스의 과학자이자 수학자. 왕관이 순금으로 제작되었는지에 관한 연구를 하던 중, 목욕을 하다 우연히 부력에 관한 아르키메데스의 원리를 발견하고는 "유레카"라고 소리치며 알몸으로 거리를 뛰어다녔다는 유명한 일화가 있다.

값을 **'밀도'**라고 합니다. 온도가 4°C일 때 물의 밀도가 1g/cm³라는 것은 물 1cm³의 질량이 1g이라는 사실을 뜻합니다. 만약 어떤 물체의 밀도가 물보다 크면 물에 넣었을 때 가라앉게 되고, 물보다 작을 때에는 물에 뜨게 되는 것이지요. 즉, 물 위에 뜨는 스티로폼의 밀도는 물보다 작고, 쇠못의 경우에는 물보다 밀도가 큰 것입니다.

옛날 **아르키메데스**라는 학자는 이 사실을 이용하여 왕관에 순금 이외에 다른 불순물이 섞여 있는 것을 알아내기도 했습니다.

물속에 어떤 물체를 넣었을 때, 물체는 그 물체가 차지하는 공간, 즉 부피만큼의 물을 밀어냅니다. 물체가 물을 밀어내는 힘과 반대 작용으로 물은 그 물체를 밀어내게 되지요. 이 힘을 부력이라고 합니다.

물속에서 물체가 받는 부력은 그 물체의 밀도와 관계가 있습니다. 같은 질량의 물체일 때, 부피가 클수록 부력은 커집니다. 따라서 부력이 커서 물 위에서 잘 뜰수록 상대적으로 밀도가 작은 물체이지요.

사람은 밀도가 비교적 작은 지방, 물과 비슷한 밀도를 가진 근육, 그리고 밀도가 큰 뼈로 되어 있습니다. 신체 부위에 따라 이들 지방, 근육, 뼈의 구성이 다르며, 때문에 몸통은 밀도가 제일 작고, 팔 다리는 밀도가 가장 큽니다. 따라서 밀도가 작은 몸통이 밀도가 큰 하체보다 수면 가까이 뜨게 됩니다.

물속에 상대적으로 많이 잠겨 있는 상태에서는 물의 저항을 많이 받기 때문에 앞으로 나아가기가 힘이 듭니다. 이때 발차기를 함으로써 다리를 떠오르게 하면, 전면면적이 줄어들고 물의 흐름이 자연스럽게 되어 저항이 줄어듭니다.

이와 같이 발차기의 동작은 물을 뒤로 밀어내는 추진력을 얻는 효과도 있지만 그보다는 하체를 위로 떠오르게 하는 목적이 더 크답니다. 이제 수영 선수들이 열심히 다리로 물장구를 치는 이유를 알겠지요?

사람의 밀도는 신체 부위별로 조금씩 다르지만 전체적으로는 물과 비슷하여 힘을 빼고 가만히 누워 있으면 물에 뜰 수 있습니다. 개인적으로 보면 사람마다 지방, 근육, 뼈의 구성 비율이 다 다르기 때문에 어떤 사람은 물에 잘 뜨는 반면 어떤 사람은 물에 잘 가라앉기도 합니다. 일반적으로 지방 비율이 높은 여자가 남자보다 물에 더 잘 뜬다고 합니다.

가만히 있을 때

물장구 칠 때

세계적으로 유명한 수영 선수들은 대부분 백인입니다. 단거리 육상 경기에서 흑인들이 우수한 성적을 거두는 것과는 대조를 이루는 모습이지요. 왜 그럴까요?

백인은 흑인에 비해 팔 다리가 짧고 근육의 구성 비율이 낮습니다. 대신 지방의 비율이 높습니다. 따라서 무거운 근육보다 가벼운 지방의 비율이 높은 백인이 물에 더 잘 뜨는 것이지요. 수영을 할 때 물속에 잠겨 있는 부분은 저항을 많이 받기 때문에 백인이 흑인보다 더 좋은 기록을 내는 것입니다.

타잔, 당신은 최고의 수영 선수

항 력

옆에는 항상 침팬지를 거느리고, 제인이라는 예쁜 여자친구도 있으며, 정글에서 많은 동물 친구들과 함께 살아가는 사람이 있었습니다. 위험한 일이 닥치면 "아~아아~"하고 코끼리 친구들을 부르던 사람이지요. 그는 1930~40년대에 제작되었던 영화의 주인공 '타잔'입니다. 1970년대에는 우리나라에도 방영되어 큰 인기를 끌었지요. 타잔은 정글에서 악한 사람들을 물리치고 정글 친구들을 보호하는 정의로운 사람이었습니다. 또 힘도 세고 수영도 아주 잘해서 악어와 물속에서 싸워 이기기도 했습니다.

이 영화가 성공할 수 있었던 데에는 주인공이었던 영화배우 조니 와이즈뮬러Johnny Weissmuller의 역할이 컸습니다. 와이즈뮬러는 1924년 파리 올림픽과 1928년 암스테르담 올림픽에서 금메달을 다섯 개나 휩쓴 미국의 수영 스타였습니다. 그는 가장 위대한 수영 선수 중 한 명이었습니다. 처음으로 1분대의 벽을 깬 선수였으며, 세계 기록만 스물여덟 번을 갈아 치운 훌륭한 선수였습니다. 이러한 일이 가능했던 것은 그가 크롤 영법과 비슷한 영법을 사용했기 때문입니다.

크롤 영법은 영국의 크롤crawl이라는 사람이 만든 영법으로, 자유형의 영법에서 가장 일반적으로 사용하는 것입니다. 자유형은 프리 스타일free style이라고 하여, 말 그대로 개헤엄을 포함하여 어떤 영법으로 헤엄쳐도 상관없는 경기입니다. 하지만 속력이 가장 빠른 영법이 크롤이기 때문에 가장 일반적으로 사용되고 있지요.

지난 100년간 육상에서의 100m 기록은 약 1초 정도 줄어들었지만, 수영에서는 영법의 변화로 15초까지 기록이 단축되었다고 하니, 혁신적인 영법의 사용이야말로 수영의 역사에 큰 획을 긋는 사건이었습니다.

헤엄을 치며 물살을 가르고 나아가는 수영 선수들은 공기의 저항보다 더 큰 물의 저항을 받습니다. 이때 움직임을 방해하는 저항을 항력이라고 하는데, **항력**은 선수의 속도, 몸의 형태, 매끄러움에 따라 달라집니다. 특히 수영을 할 때 몸을 움츠려 항력을 줄이는 것은 불가능하기 때문에, 수영 선수들은 가능한 한 몸을 유선형의 형태로 만들어 물이 몸 주위를 자연스럽게 흐르도록 합니다.

크롤 영법은 몸을 최대한 **유선형**으로 만들고 물을 끌어당겨서 미끄러지듯 나아간다는 느낌으로 헤엄칩니다. 또한 크롤 영법은 물속에서 한쪽 팔을 젓는 동작을 하는 도중에 다른 팔과 어깨는 물 밖으로 내놓아 물속에서의 전면 면적을 줄여 항력을 감소시킵니다. 따라서 다른 영법에서보다 항력이 많이 줄어들게 되는 것이지요.

수영 선수가 움직이며 일으킨 물결은 또 다른 저항을 만듭니다. 특히 평영과 접영의 경우에는 물속에서 받는 저항보다 물결에 따른 저항에 특히 영향을 많이 받기 때문에, 수영 선수들은 물결을 적게 일으켜 저항을 감

항 력

물체가 공기나 물 등의 유체 내에서 운동할 때 받는 저항력과, 두 물체가 서로 접촉하면서 움직일 때 접촉면에 작용하는 힘을 말한다.

유선형

공기나 물 등과 같은 유체 속을 운동할 때 저항을 덜 받도록 만든 물체의 형상. 물고기의 몸체나 비행기의 날개와 몸체 등이 대표적인 유선형이다. 유선형은 기체, 액체 등의 흐름 속에서도 저항을 그 표면을 따라 흘려보내고 소용돌이를 일으키는 경우가 적으므로 받는 저항이 작다.

소시키려고 합니다.

평영과 접영에서 물과 공기의 경계면에서 일어나는 물결의 영향을 적게 받기 위해서는 가능한 한 몸을 물속에 잠기게 하여 헤엄치는 것이 좋습니다. 한때 평영과 접영 선수들은 경기의 반 이상을 잠수하여 수영하기도 했습니다. 당연히 기록은 아주 좋았지요. 그러나 지금은 새로운 경기 규칙에 따라 선수들이 잠수한 채 15m 이상 나가는 것을 금지하고 있습니다.

수영의 여러 가지 영법

1. 자유형 : 얼굴을 물속에 잠그고 양팔을 교대로 움직여서 앞으로 나아가는 영법으로 크롤 영법이라고 합니다. 크롤은 이제까지 여러 형태로 발달해온 수영법 가운데 가장 스피드 있고 대중적인 영법입니다. 크롤 경영에서는 참가자가 어떤 영법이든지 자유롭게 선택할 수 있습니다.

자유형

2. 접영 : 나비 같은 팔 동작 때문에 버터플라이(Butterfly)라고도 합니다. 돌고래 스타일의 다리 동작과 나비 같은 팔 동작이 결합된 방법으로, 전신을 펴서 수면에 엎드린 채로 자유형과 같은 팔 다리 동작을 좌우 동시에 몸의 율동과 함께 하는 영법입니다. 자유형 다음으로 속도가 빠릅니다. 원래는 평영의 기록을 경신하기 위하여 고안되었으나 나중에 분리되었습니다.

접영

3. 배영 : 등을 수면에 대고 누워서 팔을 교대로 젓는 스트로크(stroke)로, 얼굴을 수면 위에 내놓고 헤엄치며 호흡하는 영법입니다. 얼굴을 물속에 담그기 싫어하는 사람에게는 먼저 가르치기도 합니다.

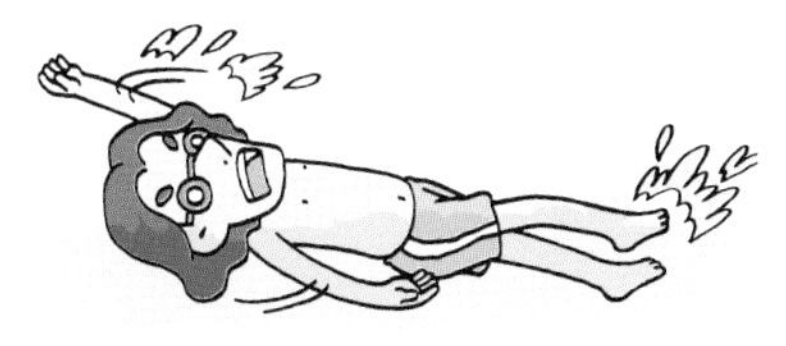
배영

4. 평영 : 가슴을 축으로 삼아 팔 다리를 대칭으로 움직이는 영법입니다. 얼굴을 수면에 내놓은 채 수영하기도 하고, 숨쉬기 위해 필요한 순간을 제외하고 머리를 물속에 담근 채 스피드를 내는 방법을 사용하기도 합니다. 일반 영법은 긴 거리를 편안하게 헤엄칠 때 많이 사용합니다.

평영

3

천 분의 일 초를 위하여!

자연을 모방한 첨단 수영복

이언 소프 Ian James Thorpe

1982~

호주의 수영 국가대표선수. 190cm가 넘는 키에 350㎜가 넘는 큰 발로 인해 '인간 어뢰'라는 별명을 가지고 있다. 2000년 시드니 올림픽 3관왕, 2004년 아테네 올림픽 2관왕을 달성했다.

마이클 펠프스 Michael Phelps

1985~

미국의 수영 국가대표선수. 키 193cm, 몸무게 88kg의 이상적인 신체 조건과 후천적 노력으로 '수영 신동'이라고 불린다. 2003년 세계선수권대회에서 200m 세계 신기록을 수립하고, 2004년 아테네 올림픽에서 6관왕을 달성했다.

'천 분의 일초를 위하여~!'라는 광고 카피도 있듯이 수영에서는 0.001초의 시간 단축이 아주 중요하답니다.

2004년 아테네 올림픽, 기록경기의 꽃이라 할 수 있는 수영 종목에서 인간 어뢰 **이언 소프**와 수영 신동 **마이클 펠프스**의 다관왕 경쟁은 모든 사람들의 관심을 집중시켰지요. 여기에는 두 선수가 최근 들어 좋은 기량을 선보인 이유도 있었지만, 이들이 어떤 수영복을 입고 나올까 하는 것이 관심 집중에 한몫하였습니다. 세계 경기에서 먼저 두각을 나타냈던 이언 소프가 2000년 시드니올림픽에서 처음으로 전신수영복을 입고 3관왕을 달성했었거든요.

수영복은 되도록 마찰을 줄이는 데 초점을 두고 만듭니다. 하지만 수영복의 섬유조직은 물과의 마찰을 증가시키기 때문에, 수영 선수들은 최대한 크기가 작고 몸에 달라붙는 수영복을 입었습니다. 심지어는 머리카락이나 몸에 난 털까지 깎고 경기에 출전하는 선수들도 있었습니다.

1956년 올림픽 자유형 100m에 출전한 오스트레일리아의 존 헨릭스는 어머니가 란제리를 이용해 만들어준 수영복을 입고 경기에 출전해 금메달을 땄다고 해요. 매끄러운 란제리의 표면이 물과의 마찰을 크게 줄여준 것이지요.

수영복에 대한 국제수영연맹(FINA)의 규정은 투명한 재질을 금하고 도덕적인 관점에서 문제가 없는 디자인이어야 한다는 단순한 내용입니다. 다만 새로운 재질이나 디자인을 사용할 때는 국제수영연맹의 승인을 받으면 되지요.

이언 소프가 2000년 시드니 올림픽 때 입었던 전신수영복은 물에 대한 저항을 최소화하는 첨단 합성섬유를 사용해 아디다스 사에서 특별히 제작한 것이었습니다. 전신수영복은 목에서부터 발목까지 전신을 감싸도록 되어 있지요. 특히 이 수영복에는 상어의 피부에 나 있는 작은 돌기들이 물과 피부의 마찰에서 발생하는 소용돌이를 밀어내고 마찰을 한층 줄여 속도를 높여준다는 아이디어가 이용되었습니다.

2004년도에 소프가 입은 수영복은 '제트 컨셉트jet concept'라는 전신수영복으로, 비행기 동체와 날개에 있는 V자 모양의 홈이 공기를 유선형의 비행기를 따라 자연스럽게 흐르도록 한다는 원리를 응용하여 수영복의 겨드랑이에서 허리 아래까지 오돌토돌한 줄을 길게 넣고, 옷감 표면에는

이언 소프가 입은 제트 컨셉트

일정한 형태의 틀에 실리콘을 주입해 물의 저항을 최소화하도록 했습니다.

이언 소프의 아성을 무너뜨리고 올림픽 7관왕에 도전하는 펠프스를 위해서는 미즈노 사에서 전신 수영복을 제작했습니다. 상어의 피부돌기가 두 가지로 나뉜다는 사실에 착안하여 팔 · 어깨 · 다리 등에는 물과 정면으로 닿는 부분의 거친 돌기를 본 따 거친 옷감을 대고, 가슴과 복부에는 물이 몸을 따라 흘러내리는 부분의 부드러운 돌기를 본 따 부드러운 재질을 사용하여 부위별로 옷감의 재질을 달리하였습니다. 또 몸에 수영복을 밀착시켜 에너지를 소비하는 피부와 근육의 진동을 줄여주고, 측면에 신축성이 좋은 소재를 사용하여 동작의 유연성을 높이고, 팔 안쪽에 티타늄과 실리콘 소재를 사용하여 스트로크 때 필요한 힘을 덜 수 있도록 했습니다.

이러한 사실에 비추어 볼 때, 현대 과학과 스포츠는 떼려야 뗄 수 없는 관계임을 알 수 있습니다. 첨단 소재와 공학이 관련되어 수영복 하나가 탄생하니 말입니다.

물속에서 춤을

싱크로나이즈드 스위밍과 음파

수영 종목 중에는 싱크로나이즈드 스위밍synchronized swimming이라고 불리는 운동이 있습니다. 1920년 무렵 캐나다에서 처음 시작되어 한때는 수중 발레라고도 불렸지요.

싱크로나이즈드 스위밍은 항상 웃는 얼굴로 물을 배경 삼아 아름답게 춤추기 때문에 그다지 어려운 운동이 아니라고 생각하기 쉽지만, 실제로는 수영 실력과 **지구력**, 그리고 큰 **심폐 능력** 등을 고루 갖춰야만 할 수 있는 아주 힘든 운동에 속합니다. 때로는 물속에서 30초에서 50초까지 숨을 참으며 음악에 맞춰 정확한 동작을 해야 하는 아주 고된 운동이지요.

싱크로나이즈드 스위밍은 수면에서뿐만 아니라 수중에서도 음악에 맞춰 움직여야 합니다. 그런데 과연 물속에서는 어떻게 소리를 들을 수 있을까요?

싱크로나이즈드 스위밍을 보면 선수들은 음악에 맞춰 물속에 들어갔다가 물 밖으로 짠, 하고 나타나는 기술을 많이 보여줍니다. 많은 사람들은 선수들이 물속에서 음악을 듣는 것인지 아니면 피나는 연습 끝에 음악에 무용을 맞추는 것인지 궁금해 합니다. 선수들에게 음악은 정말

지구력

일정한 작업을 장시간 계속할 수 있는 능력. 근육이 어떤 반복적인 활동, 예를 들면 턱걸이 등을 계속할 수 있는 능력을 나타내는 근지구력과, 일정한 강도의 전신운동을 지속할 수 있는지를 나타내는 전신 지구력으로 구분할 수 있으며, 육체적인 조건뿐 아니라 의지력 등의 심리적 조건과도 관계가 깊다.

심폐 기능

호흡을 통해 산소와 기타 영양분을 포함한 혈액을 전신에 보내는 심장과 폐의 기능을 말한다. 심박수와 혈압, 그리고 폐활량 등을 운동 전후에 측정 비교하여 심폐 기능을 판정한다.

소리굽쇠 tuning fork

균질한 강철막대를 U자형으로 구부린 후 중앙에 손잡이격인 자루를 단 물체. 갈라진 끝을 가볍게 두드리면, 비교적 일정한 진동수의 음파인 소리가 발생한다. 소리를 크게 하기 위해서 나무상자를 공명통으로 붙인 것도 있다.

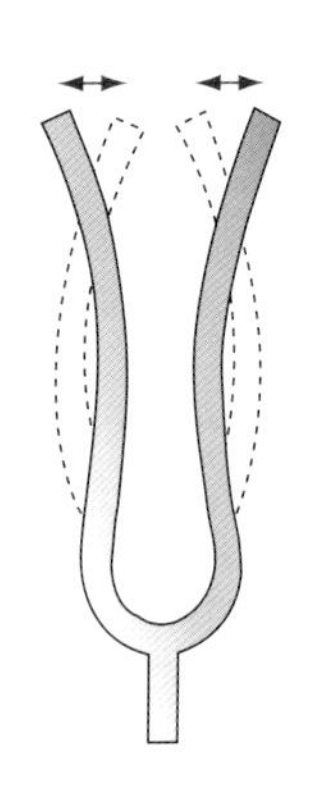

지상에서와 같이 들리는 것일까요?

우리가 듣는 소리라는 것은 공기 분자들의 움직임입니다. 예를 들어 **소리굽쇠**를 망치로 때리면 소리굽쇠의 각 날은 안쪽과 바깥쪽으로 오므라들었다가 펴지면서 빠르게 진동하지요.

소리굽쇠가 밖으로 공기를 밀면 공기는 압축되어 압력이 높아지고, 안쪽으로 오므라들면 소리굽쇠 주변의 공기가 끌려와 공기가 팽창되면서 압력이 낮아지지요. 소리굽쇠가 계속해서 진동하면 공기의 압축과 팽창이 반복되어 공기의 밀한 부분과 소한 부분이 반복되면서 퍼져나가게 되는데, 이와 같이 공기를 통해 전달되는 물체의 진동을 소리, 즉 음파라고 합니다.

소리를 듣는다는 것은 물체의 진동으로 발생한 파동이 우리의 귀에 전달되는 것을 말합니다. 우리가 귓바퀴라고 부르는 외이를 통해 전달된 음파가 내이의 고막을 앞뒤로 진동시키면, 차례로 여러 청각기관을 거쳐 뇌로 전달되어 우리는 소리를 듣게 되는 것입니다.

또한 소리는 공기를 통해서만 전달되는 것이 아니라, 물이나 땅 등 액체나 고체 매질을 통해서도 전달됩니다. 운동장의 철봉 한쪽 끝에서 한 친구가 돌멩이로 '땅 땅' 철봉을 치면, 철봉의 다른 쪽 끝에서 귀를 대고 있는 친구는 철봉을 타고 전해오는 울림을 들을 수 있습니다. '철'로 이루어진 고체 물질을 통해서도 음파가 전달되는 경우이지요.

영화를 보면, 재난으로 인해 배의 밑 부분이나 건물의 한 곳에 고립된 주인공들이 건물의 수도관 파이프 등을 통해 외부의 구출자들과 연락을 하는 장면을 볼 수가 있어요. 금속물질이 음파를 전달해주는 경우입니다.

개는 잠을 잘 때 귀를 땅에 붙이고 자는데, 땅을 통해 들리는 소리를 듣고 위험을 감지해내기 위해서입니다. 인디언들은 땅에서 들리는 소리로 멀리서 말들이 달려오는 것을 알았다고 하지요.

그리고 물속에서도 소리는 전달됩니다. 액체 상태인 매질의 진동이 고막에 전달되면 소리를 들을 수 있기 때문이에요. 물속에서는 물의 출렁거림을 비롯한 수중 생물들이 내는 수많은 소리들을 들을 수 있지요. 그리고 소리의 전달 속도 또한 공기 속에서보다 4배 정도 빠르기 때문에 공기 중에서보다 훨씬 더 먼 곳의 소리도 들을 수 있습니다.

초음파

사람이 모든 음역대의 소리를 내거나 모두 들을 수 있는 것은 아닙니다. 너무 낮은 소리나 너무 높은 소리는 들을 수 없습니다. 사람이 들을 수 있는 음파의 진동수 범위를 '가청 주파수'라고 하는데, 사람은 보통 진동수 20~20,000Hz 사이의 소리를 들을 수 있습니다. 하지만 사람에 따라 소리에 예민한 경우에는 아주 높은 소리나 낮은 소리를 들을 수 있으며, 민감한 사람은 해충 퇴치기에서 발생되는 '삐~' 하는 초음파를 들을 수 있습니다.

가청주파수를 벗어난 음파를 '초음파'라고 하는데, 사람은 들을 수 없지만, 어떤 동물들은 초음파를 발생시키거나 들을 수 있습니다. 어두운 곳에 사는 박쥐는 초음파를 이용하여 먹이의 위치나 방향을 찾기도 하고, 돌고래는 초음파를 이용하여 의사소통을 합니다.

사람들은 이러한 초음파를 이용해서 소리를 멀리까지 보내는 통신을 하기도 하고, 물고기 떼를 찾기도 합니다. 가깝게는 신체 내부를 촬영하는 병원의 초음파 촬영기와, 가정용 기구 중 초음파 가습기 같은 것에도 초음파가 이용됩니다. 또한 여름에 볼 수 있는 해충 퇴치기는 모기와 같은 해충만 들을 수 있는 초음파를 방출하여 해충을 쫓습니다.

초음파 가습기

가습기는 아주 작은 입자로 만든 물을 분사시켜 공기 중의 습기를 조절하는 장치이다. 가습기에는 가열식 가습기와 초음파 가습기, 두 종류가 있다. 가열식 가습기는 물을 가열시켜 발생한 수증기를 분사시키는 것이고, 초음파 가습기는 물의 표면을 초음파로 진동시켜 튀어나온 물 입자들을 분사시키는 방식이다.

돌고래는 초음파를 이용해 의사소통을 한다.

단단한 물질일수록 소리가 전달되는 속도가 더 빨라지기 때문에, 기체인 공기보다는 액체인 물속에서, 그리고 물속보다는 고체인 철에서 소리가 전달되는 속도가 더 빨라지지요.

선수들이 물속에서도 전달되는 음악 소리에 맞춰 스위밍을 한다는 사실! 이제 알았죠? 그렇지만 공기 중에서와 수중에서의 소리의 전달 속도가 다르기 때문에 제대로 스위밍을 하려면 수중 스피커로 음악을 들어야만 한답니다.

내용정리

1. 밀 도

물체의 단위 부피당 질량. 즉, 물체의 부피 1cm³가 가지는 질량을 뜻한다. 물체의 전체 질량을 그 물체의 부피로 나눈 값으로 구할 수 있으며, 단위로는 g/cm³, kg/m³, g/mℓ 등을 사용한다.

$$\text{밀도} = \frac{\text{물체의 질량}}{\text{물체의 부피}}$$

2. 부력(아르키메데스의 원리)

공기나 물과 같은 유체 속에 있는 물체는 중력과 반대 방향의 힘을 받는데, 이 힘을 '부력'이라고 한다. 부력의 크기는 유체 속에 있는 물체가 차지하는 부피에 해당하는 유체의 무게와 같다. 때문에 같은 질량의 물체라면 부피가 클수록 부력도 커져서 위로 떠오르게 된다.

부력에 관한 사실은 기원전 282년에 태어난 고대 그리스의 과학자 아르키메데스가 발견했기 때문에 '아르키메데스의 원리'라고도 불린다.

3. 소 리

물체의 진동으로 발생한 공기의 파동이다. 사람은 성대를 진동시켜 소리를 내며, 스피커는 얇은 막을 앞뒤로 진동시켜 소리를 만든다. 기타와 같은 현악기는 줄의 진동을 악기의 본체인 나무통에서 증폭시켜 소리를 낸다. 공기의 진동이 귀에 전달되면 귀 내부의 고막이 앞뒤로 진동하여 여러 청각 기관을 거쳐 뇌로 전달된다.

4. 파 동

한곳에서 발생한 물질의 흔들림이 다른 곳으로 전파되는 현상이다. 파동이 발생하는 원인을 '파원'이라고 하며, 파동을 전달시키는 물질을 '매질'이라고 한다. 예를 들어 소리는 공기를 매질로 하여 전달되고, 지진파는 땅을 매질로 하여 퍼진다.

파동은 전달 방식에 따라 두 종류로 나뉘는데, 매질의 진동 방향과 파동의 진행 방향이 나란한 '종파'와 매질의 진동 방향과 파동의 진행 방향이 수직인 '횡파'로 구분된다.

5

1초의 공중 곡예, 다이빙

관성 모멘트와 토크

1904년 제3회 세인트루이스 올림픽에서 처음 정식 종목으로 채택된 다이빙은 2004년 아테네 올림픽에서는 금메달이 8개나 걸려 있는 중요 종목이 되었습니다.

스포츠로서 다이빙은 19세기 초 유럽에서 시작되었다고 하는데, 그 후 미국에서 지금의 다이빙 형태가 만들어졌다고 합니다. 경기의 종류로는 탄성이 있는 스프링보드를 이용하는 스프링보드 다이빙과 5m 이상의 고정된 높이에서 경기를 하는 하이 다이빙이 있습니다. 초기의 스프링보드는 목재로 제작되었지만, 이후 금속제, 특히 알루미늄 합금의 스프링보드가 제작됨에 따라 탄성력이 좋아져서 높이 점프하여 다양한 연기를 할 수 있게 되었습니다.

다이빙 선수는 몸을 최대한 웅크렸을 때 보다 많이 회전할 수 있다.

1초 남짓한 시간 안에 곡예와 같은 동작을 선보이고 물속에 빨려 들어가듯이 입수하는 다이빙을 보면 저절로 탄성을 지르게 됩니다. 선수들은 몸을 편 상태에서는 1회전에서 2회전까지, 그리고 몸을 구부린 자세에서는 2회전에서 3회전까지 회전하며 물속으로 떨어집니다. 오늘날에는 공중 4회전 반이나, 비틀어 뛰기 4회전 등 아주 어려운 연기도 가능하게 되었습니다. 이렇게 어렵게 느껴지는 운동을 하는 데에는 가늘고 유연한 몸과 많은 양의 훈련 외에도 물리법칙이 필요합니다.

물체의 빠르기를 표현하는 것으로 우리는 '속도'라는 개념을 사용합니다. 10m/s이면 1초에 10m를 이동하는 빠르기라는 뜻이지요. 그리고 속도가 점점 더 빨라지거나 느려질 때에는 가속도라는 용어를 사용합니다.

마찬가지로 원을 그리며 회전하는 물체가 얼마만큼의 빠르기로 회전하는지를 나타낸 것이 **각속도**입니다. 즉, 각속도는 1초에 몇 바퀴 회전하는지를 숫자로 나타낸 것입니다. 또한 각속도가 변화하는 것은 **각가속도**라고 하지요. 물체는 원을 그리며 물체 전체가 운동할 수도 있지만, 물체의 어떤 고정된 축을 중심으로 회전할 수도 있습니다.

물체의 속도가 변하려면 물체에는 힘이 가해져야 합니다. 물체에 가해지는 힘이 클수록 물체의 속도가 변하는 정도, 즉 가속도는 커집니다. 마찬가지로 회전하는 물체의 각속도가 변하려면 물체를 회전시키는 **토크**가 있어야 합니다.

토크가 작용하면 정지해 있던 물체는 회전을 하게 되고, 이미 회전하고 있던 물체는 회전율이 바뀌게 됩니다. 그런데 같은 크기의 토크가 작용해도 어떤 물체는 각속도가 크게 변하지만 어떤 물체는 각속도가 거의 변하지 않을 수도 있겠지요. 마치 10kg의 물체와 100kg의 물체에 같은 크기의 힘을 주면 10kg의 물체를 훨씬 쉽게 움직일 수 있는 것같이 말입니다.

이때, 각속도의 변화량이 작은 물체일수록 '**관성 모멘트**가 크다'고 말합니다. 관성 모멘트란 물체 고유의 모양과 질량에 따라 각속도의 변화율이 결정되는 양입니다. 그런데 관성 모멘트는 물체가 회전하는 중심에 따라 변하기도 한답니다.

가속도(a)와 각가속도(ω)
acceleration & angular acceleration
직선으로 운동하는 물체의 속도의 변화량을 가속도라고 하며, 원 운동하는 물체의 속도, 즉 각속도의 변화량을 각가속도라고 한다. 가속도는 시간의 변화량을 걸린 시간으로 나누어 구한다. 예를 들어, 서 있던 자동차가 출발하여 10초 만에 20m/s의 속력이 되었다면 가속도는 2m/s^{2}가 된다. 한편, 각속도는 1초에 원 운동하는 물체의 회전수로 나타낸다.

토크(τ) torque
물체가 회전 운동하도록 작용하는 회전력. 즉, 물체의 각가속도를 변화시키는 힘으로 같은 크기의 힘이라면, 물체의 회전축에서 멀리 떨어진 곳에서 힘이 작용할 때 토크의 효과가 가장 크다.

관성 모멘트
회전관성, 즉 원 운동을 하는 물체가 가지는 관성의 크기를 말한다. 외부에서 다른 힘이 작용하지 않을 때, 같은 속도로 원 운동하려는 성질이 얼마나 있는지를 나타내는 값으로 원 운동하는 물체의 질량과 회전 반지름에 따라 달라진다.

여기서 잠깐!

관성 모멘트와 토크의 관계

보통 물체가 직선 운동을 할 때, 외부의 힘이 작용하지 않으면 물체는 계속 일정한 속도로 운동하려는 관성을 가진다. 관성은 물체의 질량과 관계가 있다. 물체의 질량이 클수록 멈추거나 운동시키는 데 더 큰 힘이 든다. 마찬가지로 회전 운동하는 물체에 외부의 힘이 작용하지 않을 때, 물체가 계속 일정한 속도로 회전 운동하려는 성질이 있는데 이를 회전관성, 즉 관성 모멘트라고 한다.

관성 모멘트는 질량 외에 회전 반지름에도 관계가 있다. 회전 반지름이 클수록 물체를 회전 운동시키거나 멈추게 하는 것이 어려워진다. 따라서 관성 모멘트는 물체의 질량과 회전 반지름을 함께 고려하여 계산한다.

물체에 힘이 작용하면 물체의 속도가 변하여 가속도가 생긴다. 물체에 작용하는 힘의 크기가 클수록, 질량이 작을수록 가속도는 커진다. 따라서 가속도는 힘의 크기를 질량으로 나누어 구할 수 있다.

마찬가지로 회전 운동하는 물체에 힘이 작용할 때에도 물체의 속도는 증가하거나 감소한다. 이때 회전 운동하는 물체의 속도를 각속도라고 하고, 각속도의 변화량을 각가속도로 나타낸다. 각가속도는 관성 모멘트가 작을수록, 회전 운동을 시키는 힘이 클수록 증가한다.

이처럼 물체가 회전 운동하도록 작용하는 힘을 토크라고 한다. 지레를 생각해볼 때, 가운데 받침점이 있고 양쪽에 같은 무게의 상자를 올려놓는다면, 받침점에서 더 먼 쪽에 상자를 올려놓는 쪽이 아래로 내려간다. 즉, 회전축으로부터 먼 거리에 있을 때 더 적은 힘으로도 물체를 쉽게 움직일 수 있는 것이다. 문을 열 때, 문의 손잡이가 경첩과 가장 먼 쪽에 달려있는 것과 같은 원리이다. 따라서 토크는 단순히 힘의 크기 이외에도 물체의 회전축과 힘을 주는 점까지의 거리인 회전 반지름에도 관계가 있기 때문에 (토크) = (회전 반지름) ×(힘)으로 구한다.

아이는 회전놀이기구의 가장자리에서 힘을 가하고, 이 힘은 회전축에 대하여 토크를 제공한다.

철봉에서 운동을 할 때를 생각해볼까요? 철봉에 배를 대고 매달려서 몸을 앞으로 기울이면, 상체가 아래로 떨어지면서 다리는 위로 올라갑니다. 몸이 회전하게 되는 것이지요. 상체가 철봉 주위를 회전하면서 생긴 토크 때문에 우리의 몸이 회전 운동을 하게 된 것입니다. 물체가 회전 운동을 하게 되면 각운동량이 발생합니다.

다이버가 보드 위에서 점프를 하거나 발을 옆으로 밀면

서 점프를 해도 각운동량이 발생하지요. 또한 다이버들이 보드 위에서 점프를 하면서 팔을 크게 휘두르는 것을 볼 수 있습니다. 점프를 하면서 휘두르는 팔 동작에서도 역시 각운동량은 만들어집니다. 이 각운동량을 이용하여 다이버들은 여러 가지 회전하는 묘기들을 선보이는 것이지요.

각운동량이란 물체의 회전하는 정도를 나타내는 양으로, 회전 운동에서 질량과 같은 역할을 하는 관성 모멘트와 각속도를 곱한 값으로 나타냅니다.

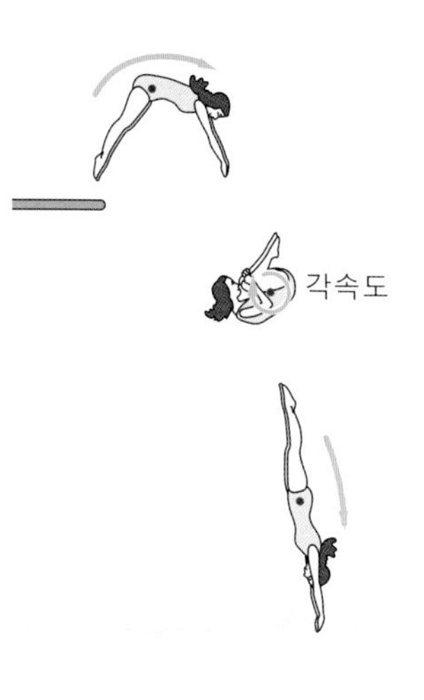

다이버가 일단 보드 위에서 점프를 한 후 공중에 떠 있는 동안에는 다이버에게 새로 작용하는 힘은 하나도 없습니다. 다만 중력이 작용하여 다이버는 아래로 떨어질 뿐이지요.

다이버는 점프를 하면서 얻은 힘만을 적절히 이용하여 회전 연기를 해야 합니다. 어떤 경우에는 1회전만 하기도 하지만 어떤 경우에는 3회전 이상의 고난도 연기를 선보이기도 합니다. 이러한 회전수의 차이를 만드는 것이 바로 관성 모멘트입니다.

앞서 관성 모멘트는 회전하는 물체의 모양에 따라서도 변할 수 있다고 했었지요? 모든 회전하는 물체에는 회전의 중심축이 있는데, 물체의 질량 분포가 회전축에서 멀어질수록 관성 모멘트는 증가합니다. 예를 들어 사람이 제자리에서 회전 운동을 할 때, 양팔을 옆으로 벌리고 회전할 때가 팔을 가슴 쪽으로 모으고 회전할 때보다 관성 모멘트가 더 큽니다.

각운동량 보존의 법칙
물체에 작용하는 외부의 토크가 없다면, 그 물체의 각운동량은 일정하다. 즉, 외부에서 토크가 작용하지 않으면 물체의 관성 모멘트를 변화시켜 각속도를 변화시킬 수 있다는 뜻이다.

그런데 회전 운동하는 물체에 외부에서 가해지는 토크가 없다면, 물체의 각속도와 관성 모멘트의 곱은 항상 일정합니다. 위와 같은 관성 모멘트와 각속도의 관계식을 **각운동량 보존의 법칙**이라고 합니다. 즉, 외부에서 작용하는 회전력이 없다면, 관성 모멘트가 커질수록 각속도는 감소하고 관성 모멘트가 작아질수록 각속도는 커진다는 뜻이지요.

얼음 위에서 음악에 맞춰 우아한 춤을 추는 피겨 스케이팅에서도 각운동량의 법칙을 볼 수 있습니다. 음악에 맞춰 얼음을 지치던 선수가 회전 운동을 시작할 때에는 양팔을 옆으로 벌리고 천천히 돌기 시작하지요. 점차 회전하는 속도가 빨라짐에 따라 선수는 팔을 가슴 쪽으로 모으게 됩니다. 그리고 손을 위로 뻗어 신체의 모든 부분이 최대한 회전축과 일치하도록 합니다. 이때 회전 속도는 최고가 됩니다. 이는 관성 모멘트의 변화를 이용한 것입니다.

관성 모멘트가 크다. 회전 속도가 느리다

팔을 벌리고 돌 때는 관성 모멘트가 더 크기 때문에 각속도가 느려서 선수는 천천히 회전을 하지만, 팔을 가슴 쪽으로 끌어당기면서 관성 모멘트를 줄이면 각속도는 빨라져서 선수는 빨리 회전하게 되는 것입니다. 물론 제일 마지막 자세에서 관성 모멘트는 제일 작아집니다.

다이빙이나 체조에서의 착지자세에서도 각운동량의 법칙은 성립됩니다. 몸을 앞으로 또는 뒤로 회전하며 연기를 할 때, 팔과 다리를 최대한 몸의 회전 중심축에 가까이 할수록 관성 모멘트가 작아져서 회전을 많이 할 수 있습니다.

관성 모멘트가 작다.회전 속도가 빠르다

다이빙 선수는 낙하하는 동안 무릎을 펴고 가슴에 모아 붙인 자세로는 1~2회 회전할 수 있습니다. 그런데 신체의 회전 중심축에 팔과 다리가 최대한 가깝도록 무릎을 가슴에 모아 구부린 자세로 몸을 최대한 둥글게 한 자세에서는 회전 속도가 증가하여 많게는 3회전까지 할 수 있게 되지요. 이것은 바로 관성 모멘트를 바꿔 회전 속도를 다르게 했기 때문입니다.

내용정리

1. 가속도

속도의 변화량. 즉, 운동하는 물체의 빠르기가 변화하는 정도를 나타내며, 단위로는 m/s^2, cm/s^2 등을 사용한다. 속도가 점점 증가하는 경우 가속도는 0보다 크고, 속도가 점점 느려지는 경우 가속도는 0보다 작은 값으로 나타낸다.

가속도가 생기려면 물체에 힘이 작용하여야 한다. 이때 물체의 질량이 일정하다면 힘의 크기가 클수록 가속도는 커진다.

$$F = ma$$

(F : 힘, m : 물체의 질량, a : 가속도)

2. 각속도

원 운동하는 물체의 경우, 단위 시간당 회전수로 나타내는 물체의 빠르기이다. 1초에 1회전하는 빠르기의 경우, $2\pi r$/s로 나타낸다(물체의 회전수는 각도로 나타내며, 1회전은 $2\pi r$이다).

3. 토 크

물체를 어떤 회전축 주위로 회전 운동시키는 힘이다. 어떤 물체에 힘이 작용하면 물체가 직선 운동하는 것과 같이 물체에 토크가 작용하면 물체는 회전 운동을 하게 되고 물체의 각가속도는 변화한다. 같은 크기의 힘이라면, 물체의 회전축에서 멀리 떨어진 곳에서 힘이 작용할 때, 토크의 효과가 가장 커진다.

4. 각운동량 보존의 법칙

외부에서 물체에 작용하는 토크가 없다면, 물체의 운동량, 즉 물체의 관성 모멘트와 각속도의 곱은 항상 일정하다는 법칙이다.

4장

동계 스포츠 속에 숨어 있는 과학

중학교 1 힘–마찰력, 중력
분자의 운동–압력

중학교 2 여러 가지 운동
–관성/중력에 의한 가속 운동

중학교 3 일과 에너지
–위치에너지/에너지 전환

미끄러짐이 의미하는 것

관성과 마찰력

겨울이 되면 누구나 기다리게 되는 것이 눈이지요. 첫눈이 오면 첫눈이 오는 대로 마냥 들뜨고, 크리스마스에는 화이트 크리스마스를 꿈꾸지요. 때로 밤새 큰 눈이 내려 온 세상을 하얗게 뒤덮으면 눈 덮인 산에서 스키를 타고 스릴을 만끽하며 멋지게 미끄러져 내려오는 생각에 잠기기도 합니다.

스키나 보드 등의 겨울철 스포츠는 잘 미끄러지는 것이 중요합니다. 그러면 미끄러진다는 것은 무엇을 의미할까요? 미끄러지는 것에 담겨 있는 과학의 원리를 찾아봅시다.

눈이 온 다음 날에는 자동차뿐만 아니라 사람들도 걸어 다니기가 아주 불편합니다. 길이 너무 미끄러워서 교통사고가 많이 발생하고, 사람들은 종종걸음으로 다니게 되지요. 또 겨울철에는 다음과 같은 기상 뉴스를 자주 듣게 됩니다.

"오늘 오전 강원 영서 지방에 대설주의보가 발령되었습니다. 지금 현재 적설량은 1m 20cm를 기록하고 있으며, 미시령과 한계령에는 도로가 통제되고 있습니다. 영동 고속도로를 이용하려는 차량은 반드시 체인을 감고 통행하시기 바랍니다. 이상 오늘의 날씨였습니다."

마찰과 마찰력

마찰 : 어떤 물체가 다른 물체에 접촉하여 운동을 방해하는 것

마찰력 : 두 물체가 서로 접촉하여 운동을 시작하거나 운동하고 있을 때 운동을 방해하는 힘으로, 물체의 운동 방향과 항상 반대가 된다.

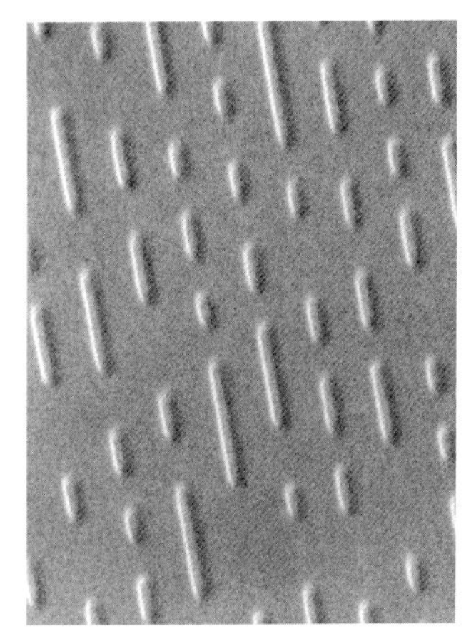

미끄러워 보이는 콤팩트디스크의 표면도 확대해서 보면 정보를 저장하기 위한 홈들로 가득 차 있다.

중력

지구가 지구 위의 물체를 잡아당기는 힘으로 지표면과 직각을 이루는 연직 방향이다.

눈이 온 거리를 걸을 때 우리가 신은 신발은 눈과 맞닿게 됩니다. 모든 물체는 움직일 때 그 물체에 닿아 있는 모든 것으로부터 방해를 받습니다. 그것을 **마찰**이라고 부르고, 이때 발생하는 힘을 **마찰력**이라고 합니다. 즉, 마찰은 두 물체가 서로 스치고 지나갈 때 발생합니다.

우리가 보기에 아주 매끄러운 물체라도 현미경으로 자세히 들여다보면 울퉁불퉁한 부분이 많습니다. 마찰은 두 물체의 표면에 있는 아주 작은 돌출 부분들이 서로 부딪히기 때문에 생기는 것입니다. 따라서 겨울 운동을 할 때 '미끄럽다'는 것은 스키 또는 스케이트 날과 눈 사이의 마찰이 줄어들었다는 말입니다.

비가 오면 자동차 사고 발생률이 훨씬 높아집니다. 왜 그럴까요? 자동차의 타이어에는 작은 홈들이 많이 있습니다. 그런데 비가 오면 타이어의 홈에 빗물이 고여 타이어의 표면을 매끄럽게 만들지요. 그래서 자동차가 정지하려고 브레이크를 밟아도 매끄럽게 변한 타이어가 도로 위에서 미끄러져 사고가 나기 쉬운 것입니다.

스케이트가 얼음 위를 움직일 때, 스케이트 날의 압력에 눌린 얼음은 약간 녹게 됩니다. 이때 얼음이 녹아 생긴 물은 마찰을 일으키는 물체 표면의 울퉁불퉁한 부분을 메워서 매끄럽게 만듭니다. 그러면 스케이트는 매끄러운 물 위를 마찰 없이 미끄러져 나가는 것이지요. 스키나 보드, 그리고 눈썰매를 탈 수 있는 것도 같은 원리 때문입니다.

지구 위에 있는 모든 물체는 **중력**을 받습니다. 즉, 높은 곳에 있는 물체는 아래쪽으로 잡아당기는 힘을 받게 됩니다. 겨울철 산에 눈이 쌓이고 표면이 매끄러워지면, 중력을 받아 아래쪽으로 잡아당겨진 물체와 눈 사이의 마찰이 줄어

들게 되어 쉽게 미끄러져 내려올 수 있습니다.

대부분의 겨울 스포츠는 마찰을 줄이는 것을 이용합니다. 맞닿아 있는 두 물체의 표면이 매끄러울수록 마찰은 줄어들지요. 눈이 온 거리를 걸을 때 미끄러운 것은 마찰이 적다는 것이고, 모래를 뿌린 눈 위를 걸을 때 미끄럽지 않은 것은 마찰이 크다는 것입니다. 그래서 스케이트 날이나 스키 표면을 아주 매끄럽게 만드는 것이 중요합니다.

그렇다고 해서 눈이나 얼음 위에서 마찰이 아주 없어지는 것은 아닙니다. 언덕 위에서 미끄러져 내려오던 눈썰매가 평지에 이르러 멈추는 것은 마찰력이 작용했기 때문입니다. 마찰력의 방향은 물체가 움직이는 반대 방향이거든요. 물론 마찰이 작을수록 스키는 굉장한 속도로 내려오겠지요? 그리고 아주 마찰이 없어진다면, 눈썰매는 평지에 이르러서도 멈출 수가 없습니다.

마찰이 없을 때 운동하던 물체가 멈추지 않고 계속해서 운동하려는 성질을 '관성'이라고 합니다. 뉴턴이 발견한 세 가지 운동 법칙 중 첫 번째 법칙이지요. 자동차나 비행기를

마찰이 큰 경우 : 자갈이 있는 경사진 길에서는 미끄러지지 않는다.

마찰이 작은 경우 : 얼음판에서는 쉽게 미끄러진다.

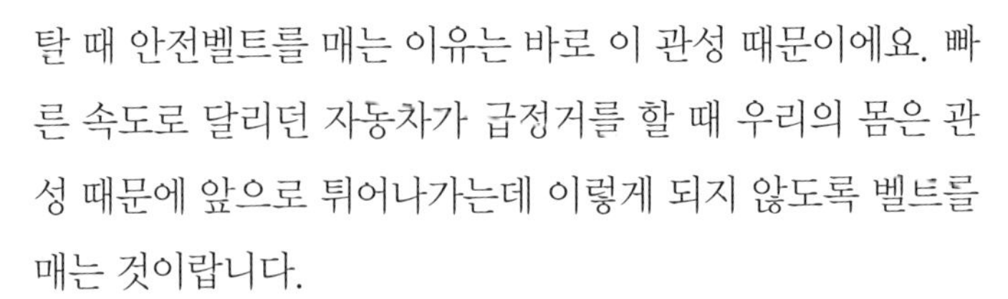

탈 때 안전벨트를 매는 이유는 바로 이 관성 때문이에요. 빠른 속도로 달리던 자동차가 급정거를 할 때 우리의 몸은 관성 때문에 앞으로 튀어나가는데 이렇게 되지 않도록 벨트를 매는 것이랍니다.

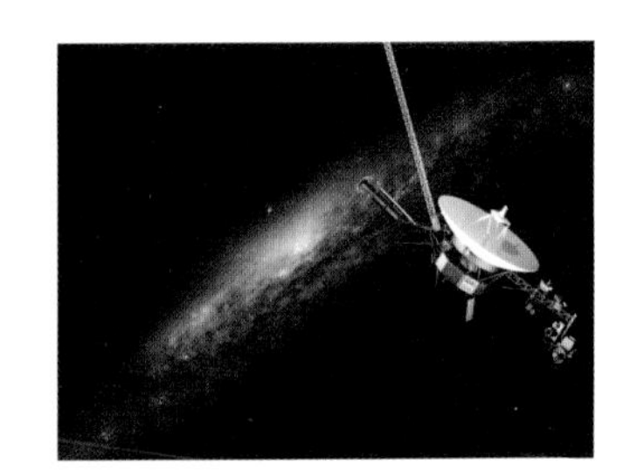

보이저 호는 30년 가까이 태양계를 비행하고 있다. 이것의 연료는 무엇일까?

1970년대 후반에 발사된 우주선 파이오니아 호와 보이저 호는 태양계의 끝인 명왕성을 지나 아직도 우주를 날고 있다고 합니다. 30년 가까이 비행을 하고 있는 것이지요. 이렇게 오랫동안 날고 있는 이 우주선들의 연료는 무엇일까요? 바로 '관성' 입니다. 우주선이 발사된 초기에는 태양전지와 다른 연료가 있어 움직였지만 연료가 떨어진 후에는 진공 상태라 마찰이 없는 우주에서 원래의 운동 상태를 유지하면서 날고 있는 것이지요.

스키나 보드는 미끄러져 내려오는 속도를 조절하며 스피드를 즐기는 스포츠입니다. 사람이 똑바로 서 있을 때, 사람의 무게 중심은 배꼽 아래 약 2.5cm 되는 곳에 위치하게 되지요. 그런데 슬로프를 내려올 때, 관성에 의해 무게 중심은 제자리에 계속 있으려 하고, 바닥에 닿는 부분인 다리 쪽이 먼저 아래쪽으로 미끄러져 내려가기 때문에 스키를 타는 사람은 자꾸만 뒤로 넘어지는 경향이 있습니다. 그래서 빠른 속도로 내려오면서도 뒤로 넘어지지 않으려면 무게 중심을 낮추어 주면서 몸의 앞쪽에 위치하도록 해야 합니다. 스키어는 무릎을 굽혀 무게 중심을 낮추면서, 상체를 약간 앞으로 굽혀서 무게 중심이 몸의 앞쪽에 위치하도록 하지요. 속도가 빨라질수록 다리는 더 많이 굽히고 상체도 앞으로 더 깊숙이 숙여야 합니다.

또한 스키장에서는 높고 경사가 급한 비탈면의 슬로프일수록 물체가 원래 가지고 있던 **위치 에너지**가 빠르게 운동

에너지로 전환되기 때문에 미끄러져 내려오는 속도가 빨라집니다.

그리고 관성 때문에 평지에 도달해서도 쉽게 멈출 수가 없어진답니다. 그러다가 다른 스키어들과 부딪히거나 하는 사고라도 생기면 큰일이지요. 게다가 산 위쪽과 아래쪽을 직선으로 연결한 선을 따라 내려오면 각 위치의 에너지 차이가 크기 때문에 속도가 더욱 빨라집니다. 때문에 스키어들은 슬로프를 지그재그 방향을 틀면서 사선으로 내려옵니다. 같은 거리를 이동하더라도 높이 차이가 작아서 가속도가 커지지 않기 때문입니다.

또한 지그재그로 방향을 바꾸는 턴을 할 때마다 눈을 아래쪽으로 강하게 밀어내면서 속도를 줄이기도 합니다. 바로 뉴턴의 세 번째 운동법칙인 '작용 반작용의 법칙'을 이용하는 것이지요. 스키어들은 왼쪽, 오른쪽으로 한 번씩 턴을 할 때마다 미끄러져 내려가는 반대 방향으로 눈을 밀어내면서 속도를 줄입니다.

빠른 속도로 내려오는 스키어는 무릎을 굽히고, 상체를 숙여 무게 중심을 앞쪽 낮은 위치에 둔다.

위치 에너지

물체가 각각의 위치에 따라 잠재적으로 가지고 있는 에너지로, 지상의 높은 곳에 있는 물체는 내려올 때 일정한 일을 할 수 있으므로 중력에 의한 위치 에너지를 가지는 것이 된다. 기준면에 대하여 높이가 높을수록 위치 에너지는 커진다.

스키어들은 턴을 하여 속도를 줄인다.

2

스케이트 선수들이 쫄쫄이 바지를 입는 까닭은?

공기가 만드는 저항과 마찰

빙상 경기에서는 얼음과의 마찰뿐 아니라 공기와의 마찰도 큰 영향을 줍니다. 때문에 시간을 다투는 경기의 경우, 선수들은 공기와의 마찰을 최대한 줄이기 위해서 몸에 달라붙고 표면이 매끄러운 옷을 입습니다. 그리고 마찰도 줄이고 머리를 보호하기 위해 유선형 헬멧도 쓰지요.

또 스피드 스케이트 선수들은 공기와의 마찰을 줄이기 위해 독특한 자세를 취합니다. 상체는 지면과 수평을 이루도록 굽히고, 한 팔은 등 뒤에 붙이고 다른 한 팔은 앞뒤로 흔들며 질주합니다. 물체가 진행하는 방향의 전면면적을 줄여 마찰을 감소시키기 위한 방법이지요. 서서 달릴 때보다 상체를 지면과 가깝게 굽힐수록 공기의 저항을 받는 면적이 줄어들고, 양팔을 흔들며 달릴 때보다 한쪽 팔을 접어 등 뒤로 붙일 때 전면면적이 줄어든답니다. 그러나 양쪽 팔을 모두 등 뒤로 붙이지 않는 것은 균형을 유지하기 위해 최소한 한쪽 팔은 흔드는 것이 더 좋기 때문입니다.

스케이트 선수들은 전면면적을 줄이기 위해 한쪽 팔을 등 뒤에 붙이고 상체는 숙여 달린다.

공기의 마찰을 줄이기 위한 노력은 봅슬레이bobsledding와 루지luge 경기에서도 볼 수 있

습니다. 봅슬레이는 2명 또는 4명이 한 팀을 이뤄 보트처럼 생긴 썰매를 타고 하는 경기로, 눈과 얼음으로 된 코스를 제일 빠른 시간에 미끄러져 내려오는 팀이 우승을 합니다. 이때 얼음과의 마찰도 기록에 중요한 영향을 주지만 공기와의 마찰도 중요하기 때문에 선수들은 전면면적을 최소한으로 줄이려고 노력합니다. 따라서 썰매에 탄 선수들은 모두 최대한 고개를 숙이고 몸을 웅크린 자세를 취합니다.

루지는 우리나라에서 사용하는 썰매 같은 것을 타고 활주하는 경기인데, 선수들은 웅크린 자세로 타는 것이 아니라 썰매에 누워서 탄답니다. 이 또한 전면면적을 줄이기 위해서지요. 앉은 자세보다 누워 있는 자세가 훨씬 전면면적을 줄일 수 있으니까요. 루지가 봅슬레이와 다른 점은 1명이나 2명이 한 팀이라는 것입니다.

가장 간단한 탈 것의 형태를 띤 루지는 전면 면적을 줄이기 위해 누워서 경기를 한다.

3

전자 심판 전성시대

판정 속의 첨단 과학

김동성 선수가 1998년 나가노 동계올림픽 쇼트트랙에서 금메달을 목에 걸었을 때의 일입니다. 경기 내내 앞에서 두 번째로 트랙을 질주하던 김동성 선수 앞에는 조금의 틈도 주지 않고 1위로 달리던 중국의 리자준 선수가 있었지요. 김 선수에게 금메달은 멀어져 가는 것 같았어요. 그런데 마지막 코너를 돌고 결승점을 향해 질주를 할 때 김동성 선수가 앞으로 쭉쭉 뻗어 나오더니 줄곧 1위를 달리던 리자준 선수와 거의 동시에 결승점을 통과하였습니다. 당시 현장에 있던 관객은 물론, 생중계로 경기를 지켜보던 우리 국민들은 과연 누구에게 1등의 영예가 돌아갈지 숨죽이며 결과를 기다렸습니다. 잠시 후 김동성 선수가 간발의 차이로 1등으로 골인했다는 결과가 발표되었습니다. 우리의 눈으로는 직접 확인할 수 없는 아주 미세한 차이, 스케이트 날 앞부분만큼의 차이로 김동성 선수가 앞선 것이지요. 그럼 심판들은 이를 어떻게 알 수 있을까요?

1998 나가노 동계올림픽에서 김동성 선수는 스케이드 날 하나 차이로 우승을 차지하였다.

김동성 선수 경우에서 볼 수 있듯이 세계적인 스포츠 경기에서는 1, 2위의 차이가 거의 나지 않습니다. 진짜 0.001초라는 간발의 차이로 순위가

결정되기도 하지요. 이때 순위 판정에 결정적인 역할을 하는 것이 비디오와 사진 판독 장치입니다.

우리가 눈으로 관찰한 대상을 뇌에서 감지하는 데까지 걸리는 시간은 약 0.03초 정도가 걸립니다. 이 시간보다 더 빠른 변화는 우리가 알아차릴 수 없지요. 실제로 아주 짧은 시간 동안의 정지 화면을 연속해서 보여주면, 우리는 정지된 화면이 아니라 움직이는 동작으로 인식합니다. 영화나 만화에서도 1초에 24장면 정도의 정지 화면으로 연속된 동작을 만들 수 있어요.

그러므로 1/24초 이하의 아주 짧은 순간의 차이는 슬로우 비디오로 봐도 우열을 가릴 수 없어요. 이럴 때에는 고속 촬영 카메라를 사용하지요. 고속 촬영 카메라는 1초에 100장면 또는 1,000장면까지 촬영할 수 있는 장치예요. 물방울이 수면에 떨어질 때, 계란이 바닥에 떨어져 깨질 때 등등 아주 작은 순간에 일어나는 일들을 포착할 필요가 있을 때 사용하는 장치이지요. 고속 촬영 카메라를 이용하여 경기 모습을 촬영하고 비디오와 사진 판독을 거쳐 정확한 경기 결과가 발표되는 것입니다. 비디오 분석에 의하면 김동성 선수는 결승선을 통과할 때, 스케이트 날 하나 차이만큼 앞서 금메달을 거머쥔 것으로 드러났어요.

풍선이 터지는 순간도 고속 촬영 카메라로 촬영할 수 있다.

이렇게 사람의 능력보다 훨씬 우수한 기계의 힘을 빌려 심판하는 종목은 점점 늘어날 전망입니다. 10초도 채 걸리지 않아 거의 동시에 결승점을 통과하는 100m 경주는 말할 것도 없고, 이제 대부분의 단거리 경기는 거의 전자심판의 판별에 의존하고 있지요.

육상 종목에서뿐만 아니라 스피드 스케이팅, 수영 등 대부분의 기록 종목에서는 컴퓨터를 이용한 전자심판이 맹활

약 중입니다. 권총 소리에 의한 출발에서부터 결승점을 통과할 때까지 모든 과정은 컴퓨터에 연결된 전자심판이 판별하여 결과를 알려줍니다.

멀리뛰기의 경우, 도움닫기 발 구름판의 출발선을 넘어 파울을 했는지의 여부를 전자 센서가 알려주지요. 수영 종목에서는 출발을 알리는 권총 소리가 날 때부터 선수가 결승점에 있는 노란색 판을 눌러 압력 센서를 자극할 때까지의 시간이 기록되어 결과가 자동으로 처리됩니다.

펜싱은 전자 심판의 활약이 가장 두드러진 종목입니다. 펜싱 선수를 보면 경기복 위에 금속선이 고르게 분포된 금속 재킷을 입고 경기를 하는 것을 볼 수 있습니다.

공격이 성공하면 펜싱 재킷에 있는 센서가 반응하여 전등에 불이 켜진다.

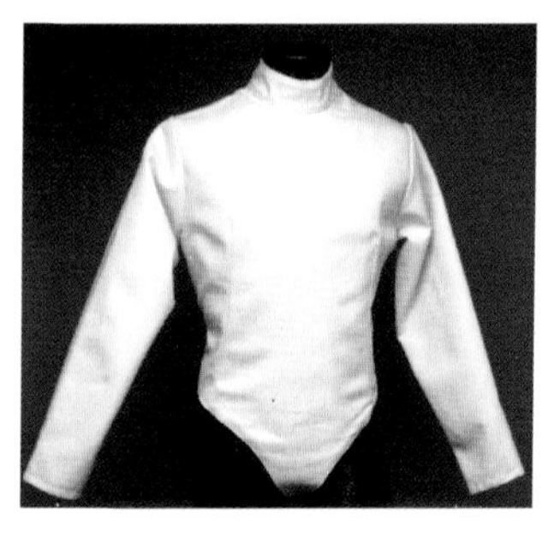

그리고 자켓 뒤로 길게 전선이 연결되어 있지요. 누구의 공격이 먼저 성공했는지, 그리고 사람의 눈으로 미처 볼 수 없는 공격도 알아차릴 수 있도록 센서가 작용하기 위해서입니다. 선수가 상대의 공격 유효 부분을 찌르면 센서가 반응하여 경기장에 연결된 전등의 불이 켜짐으로써 공격이 성공했음을 알려주지요.

이런 센서들은 대부분 압력 센서를 사용합니다. 압력 센서는 여러 종류가 있지만, 스프링의 일종인 다이어프램이나 반도체 결정 등이 어떤 일정한 양 이상의 압력을 받으면, 모양이 변하거나 전기 저항이 변화하는 현상을 이용합니다. 그리고 그 자극을 전기 신호로 바꾸어 우리에게 알려주게 되지요. 요즘은 컴퓨터와 전자전기 기술의 발달로 이런 센서의 기술도 나날이 발전하고 있습니다.

우리나라의 태권도도 이러한 과학 기술을 받아들이는 것에 대해 고민하고 있다고 합니다. 태권도에서 득점은, 척추를 제외한 몸통 부위와 뒤통수를 제외한 얼굴 전면에 대해 손기술과 발기술을 이용한 공격이 성공하면 이루어집니다. 이때 몸통의 경우는 척추를 제외하고 몸통 호구로 보호되는 전체 부위의 공격이 성공하면 1점, 얼굴의 경우는 뒤통수를 제외하고 두 귀를 포함한 얼굴과 목의 전면 공격이 성공하면 2점을 얻게 됩니다. 그런데 일반적인 경기에서는 상대가 상당한 타격을 받았을 때에 공격이 성공한 것으로 간주하기 때문에, 시합에 임하는 선수들은 주로 발기술을 사용하여 몸통호구를 쳤을 때 큰 소리가 나도록 한다고 합니다. 따라서 다양한 기술을 선보이지 못하고, 경기 내용은 단조로워지는 것이지요. 이런 이유로 태권도에서도 점수를 전자호구로 판정하려는 움직임이 나타나고 있습니다. 만약 태권도에서 전자호구를 사용한다면 몸통이나 얼굴의 보호구에 채점 타깃이 정해져서 전자 감응장치로 충격량이 얼마인지 측정하여 점수를 부여하게 되므로, 선수들은 큰 소리를 내는 데 신경을 쓰는 대신 다양한 기술을 보여줄 수 있을 것이고, 관객들은 멋진 경기를 보기 위해 보다 많이 경기장을 찾게 될 것입니다.

4

스키를 타고 하늘을 날다

양 력

동계 올림픽에서는 하늘을 날고자 하는 인류의 욕망이 담겨 있는 경기를 볼 수 있습니다. 스키점프라는 스포츠이지요. 스키점프 경기는 1924년 프랑스 샤모니에서 개최된 동계 올림픽 때부터 정식 종목으로 채택되어 시행되었을 만큼 그 역사가 오래되었습니다.

스키점프에서 선수는 자신을 공중에 내던져 신체에 가해지는 양력을 이용하여 하늘을 납니다. 양력은 어떤 물체가 공기나 물 같은 유체 속을 지날 때 물체의 위쪽과 아래쪽의 유체의 속도가 달라서 위쪽으로 작용하는 힘을 말합니다.

스키점프는 날고자 하는 인류의 욕망이 담긴 스포츠다.

양력이라는 말이 나오니까 생각이 나는 장면이 있습니다.

얼마 전, 한 광고에 나왔던 장면입니다. 이 광고에서 주인공은 자동차를 타고 여행을 떠나는데요. 달리는 자동차 창밖으로 한 손을 내놓고 바람을 느끼는 장면이 아주 인상적이었지요.

달리는 창밖으로 손을 내밀면 손에 부딪쳐오는 바람을 느낄 수 있습니다. 자동차가 빨리 달릴수록 바람은 더 세게 느껴지지요. 그리고 손의 방향에 따라서도 바람은 다르게 느껴집니다. 손바닥을 지면과 평행하게 놓을 때에는 손바닥과 손등을 자연스럽게 지나는 바람을 느낄 수 있지만, 손바닥이 앞을 향하도록 지면에 수직으로 놓으면 손에 부딪히는 바람이 아주 강해서 손이 뒤로 밀려날 정도가 됩니다. 또한 손바닥이 지면과 45° 정도가 되도록 앞을 향하여 들면 손바닥에 부딪히는 바람이 손을 밀어 올립니다. 이때 손바닥을 밀어 올리는 힘을 양력이라고 합니다. 손바닥과 손등을 지나는 바람의 양이 다르기 때문에 발생하는 힘이지요.

비행기의 경우를 살펴볼까요? 비행기가 날 때 공기는 날개 위쪽과 아래쪽으로 동시에 지나갑니다. 하지만 볼록한 날개 윗면의 길이가 더 길기 때문에 비행기 날개 위쪽의 공기 흐름이 아래쪽보다 빠르게 되지요. 그런데 공기가 빠르게 움직일수록 공기의 압력은 낮아집니다. 따라서 공기의 흐름이 느린 날개 아래쪽의 압력이 더 크므로 비행기 날개를 위로 밀어 올리는 힘이 발생하는데, 이 힘을 '양력'이라고 해요.

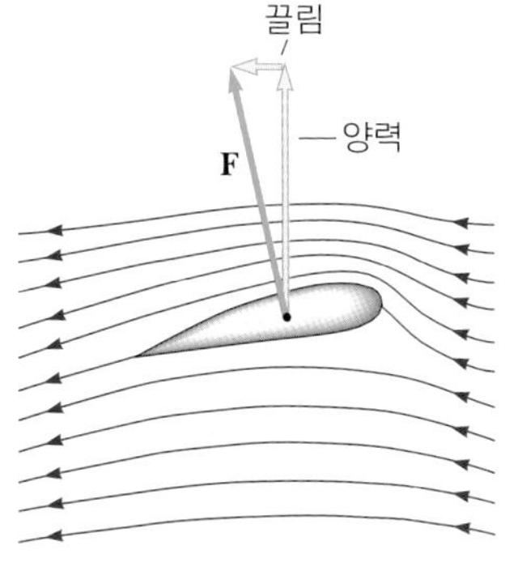

비행기 날개 주변을 지나는 공기의 흐름

비행기는 강력한 제트 엔진으로 빠르게 앞으로 나아가면서 빠른 공기의 흐름을 만들어내고, 이때 발생하는 양력으로 뜰 수 있습니다. 새도 이런 원리를 이용하여 나는 것이랍니다.

양력을 이용하기 위해서는 운동하는 물체의 속도가 아주 빨라야 합니다. 스키점프는 선수가 슬로프를 미끄러져 내려오기 시작해서 착지할 때까지 10초도 걸리지 않습니다. 반면 속도가 빠를수록 물체의 운동을 방해하는 마찰력은 커지므로, 마찰을 줄이는 것이 선수가 얼마나 멀리 그리고 오래 날 수 있는지를 결정하게 됩니다.

스키점프 선수들은 공기와의 마찰을 최대한 줄이기 위해 비탈면을 웅크린 자세로 내려오며 속도를 냅니다. 속도는 시속 90km에 이르지요. 비탈면의 끝 부분인 점프대는 약간 위로 올라간 모양을 하고 있는데, 선수가 가진 빠른 속도의 방향을 바꾸어 선수를 공중으로 던지는 역할을 하게 되지요.

선수들은 몸의 전면면적을 최대한 줄이면서 동시에 양력을 최대화하기 위해 점프대에서 이륙하기 전, 상체를 앞쪽으로 던져 스키와 평행이 되게 합니다. 앞서 손바닥으로 공기를 타는 것과 같이 스키와 몸을 공기의 흐름에 대해 적절한 각도로 조절하면, 선수는 공기 속에 몸을 맡긴 채 날 수 있는 것이지요.

스키점프 선수들은 양력을 많이 받기 위해 V자 자세를 취한다.

1980년대 말, 스키의 뒷부분은 붙이고 앞부분은 벌린 V자 형태의 자세가 훨씬 멀리 날 수 있다는 사실이 알려졌습니다. V자 자세는 스키에 가해지는 양력 이외에 선수의 몸에 직접 공기의 흐름이 작용하도록 하기 때문에 양력이 훨씬 증가하게 하거든요. 즉, 양력은 힘을 받는 면적이 넓을수록 강하게 됩니다.

시속 100km에 달하는 빠른 속도로 120m가 넘는 긴 거리를 날아간다면 지면에 착지할 때 다치지 않을까 하는 궁금증이 생기지요? 실제로 많은 스키어들이 스키점프 경기 중에 다치거나 목숨을 잃습니다. 따라서 스키점프에서는 착지할 때의 자세가 아주 중요합니다. 착지할 때 몸이 심하게 흔들려 넘어지면 큰 부상을 입기 때문이지요. 그러므로 채점에 많은 영향을 주는 요소가 바로 착지자세입니다. 균형을 유지한 채 부상의 위험이 없도록 안전하게 내려야 높은 점수를 얻을 수 있습니다.

우선 두 무릎을 굽혀 충격을 흡수하도록 하면서 무게 중심을 낮추어 줍니다. 무게 중심이 낮을수록 넘어질 위험이 줄어들지요. 또한 두 팔을 수평으로 펼쳐 균형을 잡고, 두 발의 스키 사이를 약간 벌려 엇갈리게 만든 자세를 취하여 착지 면적을 크게 합니다. 착지 면적을 크게 하면 착지 때에 약간 흔들려도 선수의 무게 중심이 착지하는 부분에서 크게 벗어나지 않으므로 잘 넘어지지 않게 되지요.

얼음판 위에서 돌 굴리기

컬링에 사용되는 화강암

동계올림픽을 보면 독특한 형식의 경기가 치러지는 것을 볼 수 있습니다. 한 선수가 아랫면이 약간 편평한 동글납작한 돌을 얼음판 위에서 회전을 주어 미끄러뜨리면, 다른 두 선수들이 미끄러지는 돌 앞에서 브러시로 열심히 문지르며 달려가는 경기이지요.

방금 말한 경기는 컬링curling이라고 부르는 경기입니다. 우리에게는 너무나 생소한 경기지만, 유럽이나 캐나다에서는 남녀노소 할 것 없이 즐기는 대중적인 스포츠입니다. 컬링은 1회 동계올림픽인 1924년 프랑스 샤모니몽블랑대회에서도 시범종목으로 실시되었습니다.

1500년대에 스코틀랜드에서 시작된 컬링은, 브러시로 얼음 표면을 문질러 바닥이 편평한 돌이 표적까지 잘 미끄러져 들어오게 하여 득점을 내는 경기입니다. 이때 표적은 하우스, 돌은 스톤이라고 부르지요. 한 팀은 4명(후보까지 포함하면 5명)으로 이루어지고 두 팀이 교대로 돌을 던져 표적의 중심에 더 많은 수의 돌이 있는 팀이 이깁니다. 이때 이미 표적에 들어가 있는 다른 팀의 스톤(돌)을 자기 팀 스톤으로 부딪쳐 밀어내

얼음 위에서 스톤을 미끄러뜨려 하는 컬링 경기

도 됩니다.

42m나 되는 길이의 경기장을 미끄러져 움직여야 하는 스톤은 컬링 경기에서 가장 기본적인 장비입니다. 그런데 이때 사용되는 스톤은 크기나 무게 등의 규정 이외에 돌의 종류도 화강암으로 제한합니다. 특히 국제 경기에서는 스코틀랜드 지방에서 채취한 화강암 재질의 스톤만 사용할 수 있습니다. 컬링 경기에서 사용하는 스톤에 화강암을 사용하는 것은 화강암이 가진 특별한 성질 때문입니다.

컬링에 사용되는 스톤은 무게 19.96kg을 넘지 않아야 하고, 직경 및 높이는 29.19cm, 11.43cm를 각각 넘지 않아야 한다.

지구의 제일 겉 부분은 거의 암석으로 이루어져 있는데, 이를 지각이라고 부릅니다. 지각을 이루는 암석은 만들어진 원인에 따라 세 종류로 나누어지는데, 이 중 높은 온도로 인해 지각을 이루는 물질이 녹아 생긴 마그마가 식어 굳어진 것을 '화성암'이라고 합니다. 다른 하나는 기존의 암석이 여러 가지 이유로 부서져 생긴 작은 알갱이들이 쌓여 만들어진 '퇴적암'입니다. 마지막으로 기존의 화성암이나 퇴적암이 열이나 압력을 받아 성질이나 조직이 변하여 생긴 '변성암'이 있습니다.

그런데 작은 알갱이들이 쌓여 만들어진 퇴적암뿐 아니라 화성암이나 변성암도 자세히 살펴보면 암석을 이루는 작은 알갱이들을 볼 수 있는데, 이처럼 암석을 이루는 기본 알갱이를 '광물'이라고 합니다. 지구상에 광물의 종류는 2,500여 종으로 무척 다양합니다. 그리고 이런 광물들이 각기 다른 종류와 비율로 모여 다양한 암석을 이루는 것이지요. 같은 화성암이라도 제주도에서 흔히 볼 수 있는 현무암은 어둡고 작은 알갱이들로 이루어져 있고, 건축물의 외벽이나 계단 등에 많이 쓰이는 화강암은 밝고 큰 알갱이들로 이루

제주도의 돌하르방은 어두운색 화산암인 현무암으로 만들어졌다.

어져 있습니다. 즉, 다른 종류의 광물들로 이루어져 있습니다.

화강암을 이루는 광물로는 석영과 장석, 운모 등이 있는데, 이 중에서 석영과 장석은 아주 단단한 광물에 속합니다. 물론 여러분이 제일 단단한 돌로 알고 있는 다이아몬드(금강석)보다는 약하지만 말이지요.

불국사의 백운교와 청운교는 밝은색 심성암인 화강암으로 만들어졌다.

컬링 경기는 스톤을 목표로 하는 곳에 정확하게 미끄러져가도록 하는 것도 중요하지만, 때로는 상대편의 스톤을 쳐서 밀어내야 하기도 합니다. 그런데 경기 도중 스톤끼리 부딪히다가 스톤이 부서지기라도 하면 큰일이지요. 따라서 세계컬링경기연맹은 국제 경기에서 사용되는 스톤은 일정한 강도 이상의 화강암으로 만들어져야 한다고 정해놓은 것입니다.

여기서 잠깐!

광물과 암석

1. 광물

암석을 이루는 가장 기본적인 알갱이를 광물이라고 하는데 지구상에 광물은 약 2,500여 종 존재한다. 다음은 광물을 구분하는 몇 가지 성질이다.

■광물의 성질

• 결정형 : 광물이 갖는 독특하고 규칙적인 겉모양

광 물	석영(수정)	금강석 (다이아몬드)	흑운모
결정형	육각기둥 모양	팔면체 모양	육각형판 모양

육각기둥 모양의 수정 결정

• 색 : 광물 특유의 겉보기 색

• 조흔색 : 초벌구이 자기판(조흔판)에 그어서 보는 광물 가루의 색

➔ 색과 조흔색은 같을 수도 있고 다를 수도 있다.

	금	황철석	자철석	적철석
색	노란색	노란색	검은색	검은색
조흔색	노란색	검은색	검은색	붉은색

• 광물의 쪼개짐

광물이 힘을 받았을 때 규칙적으로 쪼개지는 성질

얇은 판 모양으로 쪼개지는 흑운모

광 물	흑운모	방해석
쪼개짐	한 방향(얇은 판 모양)	세 방향(기울어진 육면체 모양)

➔ 쪼개짐이 나타나지 않는 광물 : 석영, 흑요석

• 굳기 : 광물의 무르고 단단한 정도

모스굳기계 : 광물의 굳기를 표시하는 10개의 기준 광물

모스 굳기계	1	2	3	4	5	6	7	8	9	10
광물	활석	석고	방해석	형석	인회석	정장석	석영	황옥	강옥	금강석

이 외에도 자성을 띠거나, 산에 반응하는 성질로도 광물을 구분할 수 있다.

수많은 광물들 중에서 우리가 흔히 볼 수 있는 광물은 한정되어 있는데, 그 중 암석을 주로 이루는 광물을 조암광물이라고 한다. 조암광물 중 가장 많은 양을 차지하는 장석은 두 번째로 많은 석영과 함께 밝은 색을 띠는 광물이다. 어두운색을 띠는 조암광물로는 각섬석, 휘석, 감람석, 검은색 흑운모가 있다.

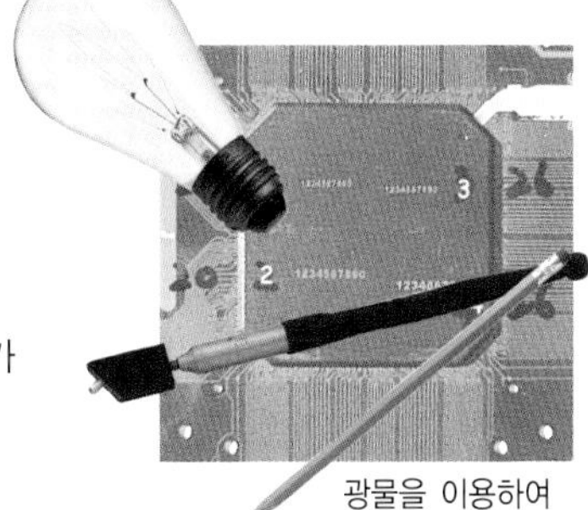
광물을 이용하여 만든 제품들

2. 암석

• 화성암의 종류

마그마와 용암이 식어서 굳어진 화성암은 용암이 급격하게 식어 굳어진 화산암과 마그마가 천천히 식어서 굳어진 심성암으로 나뉘는데, 이는 다시 어두운색 광물이 포함된 정도에 따라 분류된다.

구성 광물의 크기 \ 암석의 색깔	어둡다 ← 40%	20%	→ 밝다
화산암(세립질 화성암)	현무암	안산암	유문암
심성암(조립질 화성암)	반려암	섬록암	화강암

• 퇴적암의 종류

기존의 암석이 부서져 생긴 진흙, 모래, 자갈 등의 알갱이들이 쌓여 만들어진 퇴적암은 퇴적물의 종류와 크기에 따라 분류되며, 줄무늬인 층리와 화석이 나타나기도 한다.

퇴적물	퇴적암	퇴적물	퇴적암
점토	셰일, 이암	석회질물질	석회암
모래, 점토	사암	화산재	응회암
자갈, 모래, 점토	역암	소금	암염

여러 가지 암석의 사진

• 변성암의 종류

변성암은 기존의 암석에 열과 압력이 작용하여 암석을 이루는 광물의 조직과 성분이 바뀌어 만들어진 암석이다. 열작용에 의해 재결정 작용이 일어나기도 하고, 압력에 의해 평행한 줄무늬인 편리가 나타나기도 한다. 원래의 암석과 변성 작용을 받은 정도에 따라 암석을 구분한다.

원래의 암석		변성암				
		낮다	←	온도와 압력	→	높다
퇴적암	셰 일	→	편암	→	편마암	
	사 암	→	규암			
	석회암	→	대리암			
화성암	현무암	→	녹색편암	→	각섬암	

컬링 경기가 시작되면 두 팀의 선수 4명이 각각 두 무리씩 교대로 스톤을 던지는데, 이때 미끄러져 나아가는 스톤 앞에서 빗자루 같은 솔로 얼음을 닦는 것을 '스위핑한다'라고 표현합니다. 스위핑을 하는 이유는 스톤의 진로에 있는 먼지나 서리를 제거하여, 약 20 kg이나 되는 무거운 스톤을 보다 멀리 미끄러져 나가도록 하거나, 정해진 진로대로 진행하도록 하기 위해서입니다.

컬링 경기장의 얼음은 얼음 표면에 작은 물방울들을 떨어뜨려 얼음에 불퉁불퉁한 요철을 주어 만드는데, 이를 패블이라고 합니다. 서리와 먼지가 있는 패블 위를 움직이는 스톤은 마찰 때문에 멀리 미끄러져 가지 못하고, 속도가 떨어지면서 곡선을 그리며 움직입니다. 이때 스톤의 진로에 순간적으로 스위핑을 해주면 먼지나 서리가 제거될 뿐만 아니라 마찰열로 인해 패블의 표면이 약간 녹아 매끄러워집니다. 따라서 스톤이 원하는 진로대로 더 멀리 미끄러질 수 있는 것이지요.

물로 변한 패블은 빙면과 스톤 사이에서 윤활유 역할을 합니다. 비 오는 날 도로에서 브레이크를 밟으면 건조한 날보다 더 많은 거리를 미끄러져 나가는데, 이는 빗물이 지면과 타이어 사이에서 윤활유 역할을 하는 얇은 막을 형성하기 때문입니다. 이를 '수막현상'이라고 합니다. 비가 오는 날 교통사고가 많이 일어나는 원인이지요.

내용정리

1. 압 력

단위 면적당 누르는 힘의 크기를 말한다. 압력을 받는 면적이 줄어들수록, 누르는 힘이 커질수록 압력은 증가한다.

$$압력 = \frac{누르는\ 힘}{면\ 적}$$

예를 들어 여러 장의 종이를 겹친 후 손가락으로 누르면 종이에 구멍이 나지 않지만, 끝이 뾰족한 송곳으로 누르면 쉽게 구멍이 나는 것을 볼 수 있다. 손가락에 비해 송곳이 종이에 닿는 면적이 작기 때문이다.

2. 마찰력

두 물체가 서로 접촉하여 운동을 시작하거나 운동하고 있을 때, 운동을 방해하는 힘이다. 마찰력의 방향은 운동 방향과 반대 방향이며, 운동하고 있는 물체에 마찰력이 작용하면 속력이 감소하고, 정지하고 있는 물체에 마찰력이 작용하면 미끄러지지 않고 계속 정지해 있는다.

마찰력의 크기는 물체의 무게가 무거울수록, 접촉면이 거칠수록 커지며, 접촉면의 넓이는 관계가 없다.

3. 중 력

지구가 지구 위의 물체를 잡아당기는 힘으로, 지표면과 직각을 이루는 연직 방향으로 작용한다. 지구 위의 모든 물체는 질량에 관계없이 중력의 영향을 받아 초속 9.8m/s의 일정한 중력 가속도로 아래로 떨어진다.

중력의 크기를 무게라고 하는데 질량이 커질수록 무게도 증가한다. 무게의 단위는 kg중, g중, 또는 힘의 단위인 N을 사용한다.

4. 위치 에너지

물체가 각자의 위치에 따라 잠재적으로 가지고 있는 에너지이다. 지상의 높은 곳에 있는 물체는 내려올 때 일정한 일을 할 수 있으므로 중력에 의한 위치 에너지를 가지는 것이 된다. 기준면에 대하여 높이가 높을수록, 질량이 클수록 위치 에너지는 커진다. 단위는 줄(J)을 사용한다.

$$E = mgh$$

E : 위치 에너지, m : 질량, g : 중력 가속도, h : 높이

참고 도서

《과학교과서, 영화에 딴지를 걸다》 이재진 저. 푸른숲.
《과학의 발견》 찰스 테일러 외 공저, 김동광 역. 비룡소.
《대학 물리학》 영 & 프리드먼 저, 대학물리학교재편찬위원회 역. 북스힐.
《도구와 기계의 원리》 데이비드 맥컬레이 저, 박영재 역. 진선출판사.
《동계올림픽 종목 컬링》 유근직 저. 북스힐.
《뜯어봅시다》 과학동아편집부 저. 아카데미서적.
《마약과 약물 남용》 김대근 외 공저. 북스힐.
《마이클 조던이 공중에 오래 떠 있는 까닭은》 수잔 데이비스 외 공저, 장석봉 역. 사이언스북스.
《물리 가볍게 뛰어넘기》 최경희 저. 동녘.
《물리학과 역사》 양승훈 저. 청문각.
《미스터 퐁, 과학에 빠지다》 송은영 저. 한울림.
《선생님도 모르는 과학자 이야기》 사마키 다케오 외 공저, 윤명현 역. 글담.
《스포츠 건강 과학론》 김은경 저. 도서출판 홍경.
《스포츠 과학》 피터 J. 브란카지오 저, 성낙준 역. 도서출판 와우.
《스포츠 사이언스》 과학동아편집부 저. 아카데미서적.
《스포츠 수리과학》 죽내계 외 공저, 남덕현 외 공역. 신광문화사.
《알기쉬운 물리학 강의》 폴 G. 휴잇 저, 공창식 외 공역. 청범출판사.
《엉뚱한 생각 속에 과학이 쏙쏙》 손영운 저. 이치.
《육상경기 도약》 데릭 부지 저, 박경실 역. 대한미디어.
《전해질 음료투여가 무산소 역치와 최대산소섭취량에 미치는 영향》 김창규, 이성윤 공저. 스포츠 과학연구소논총, 1996, 제15호.
《중학교 과학 1,2,3학년》 김정률 외 공저. 블랙박스.
《중학교 과학 1,2,3학년》 김찬종 외 공저. 디딤돌.
《중학교 과학 1,2,3학년》 이광만 외 공저. 지학사.
《최경희 교수의 과학 아카데미 1,2》 최경희 저. 동녘.
《클릭, 과학속으로》 아만다 켄트 외 공저, 오동훈 역. 성우출판사.
《톡톡 튀는 소리의 세계》 일본음향회 저, 전영석 역. 아카데미서적.
《파워 운동생리학》 스콧 K. 파워스 외 공저, 최대혁 외 공역. 라이프사이언스.
《하리하라의 생물학 까페》 이은희 저. 궁리.
EVERYDAY SCIENCE EXPLAINED Curt Suplee, National Geographic Society.

찾아보기

가속도 43, 60, 165
가위뛰기 35, 45
가청 주파수 157
각가속도 161
각속도 161, 165
각운동량 보존의 법칙 163, 165
갈릴레이 63
감사용 93
결정형 186
고막 49
고산병 50
고속 촬영 카메라 177
골프 112
골프공 118
골프클럽 112
공기 저항계수 102
공기의 밀도 80
관성 46
관성 모멘트 161
관성 운동 43
관성의 법칙 55
광물 185
구심력 53
구타페르카 119
국궁 136
국제 반 도핑기구 68
국제수영연맹(FINA) 153
굳기 187
그리피스 조이너 73
그립 112
근대 올림픽 34
근섬유 25
근육 세포 25
근육통 33
글러브 91
글리코겐 29
기화 70
기화열 70
김동성 176
깃털 공(페더볼) 118
끓음 70

낙하각도 125
난반사 82
내이 49
너클볼 101
녹는점 70
농구 121
농구 코트 121
농구공 121
높이뛰기 35
눈의 피로도 122
뉴턴 14

다리모아뛰기 45
다이아몬드 186
단백질 110
달팽이관 49
대구구장 80
대기압 48
도노반 베일리 17
도약 각도 45
도플러 효과 97
도핑테스트 67
돌하르방 185
딕 포스베리 35
딤플 119
뛰틀높이뛰기 35

러셀 메쉬 73
로버트 훅 41
롤 오버 35
루지(luge) 174

마그누스 효과 97
마라도나 68
마운드 96
마이크 포웰 45
마이클 조던 127
마이클 존슨 17
마이클 펠프스 152
마찰 170
마찰력 170
멀리뛰기 43
모리스 그린 22
모스굳기계 187
무게 61
무게 중심 35
무산소 운동 30

미오신 26
미토콘드리아 29
미트 91
밀도 146

바리슈니코프 58
반사 82
반사각 82
반작용 15
발사 각도 132
밥 비몬 48
배면뛰기 35
배영 151
백색광 83
백스핀 115
밸리 롤 오버 35
법선 82
베르누이 원리 115
베이브 루스 87
벤 존슨 68
변성암 185
봅슬레이 174
부력 146
분동 61
분산 현상 84
분지 81
비거리 79
비타민 110

사거리 136
사이클 경기장 56
사직구장 80
산소의 분압 50
상대 속도 104
상태 변화 69
샤킬 오닐 127
샤프트 112, 113
석영 187
세르게이 부브카 39
세반고리관 49
소리 159
소리굽쇠 156
소성체 65
속근섬유 26
속도 23
속력 18, 23
수막현상 189
수지 118
순간 속력 19
스위트 스폿 90
스위프트 수트 74
스위핑 189
스크루 볼 100
스키점프 180
스타팅 블록 14
스테로이드계 호르몬 66
스톤 184
스티치 89
스프링보드 다이빙 160
스피드 건 97
스핏 볼 103
슬라이더 100
승화 70
실리카겔 68
실밥(솔기) 101
심성암 187
심폐 능력 155
싱크로나이즈드 스위밍 155
쌍무지개 83
쓰리피스 볼 118

아르키메데스 146
아리스토텔레스 63
아미노산 용액 68
아베베 비킬라 72
아이언 113
알루미늄 배트 88
암 가드 137
압력 센서 178
애로우레스트 137
액틴 26
액화 70
야구공 89
양궁 129, 136
양력 119, 180
어는점 70
에스트로겐 66
에어 덩크 127
에어로빅 29
영양소 110
옐레나 이신바예바 36
오브라이언 투사법 59
오일러 106
오조준 133
외이 49
우드 112
운동 에너지 41
운동량 87
운동량의 변화 92

운동제2법칙(가속도의 법칙) 60
원반던지기 59
원심력 54
위치 에너지 41, 173
유산소 운동 31
유선형 149
유선형 헬멧 174
융해 70
음파 156
응고 70
이봉주 25
이언 소프 152
2차 성징 66
일사병 69
입사각 82

자유 낙하 운동 124
자유투 123
자유형 151
작용 15
작용 반작용의 법칙 14, 44, 173
장대높이뛰기 36, 39
장력 139
재결정 작용 188
전면면적 174
전신 수영복 152
전신 육상복 73
전자 센서 178
전자심판 178
전자호구 179
접영 151
정다면체 106
정반사 82
젖산 30
젖혀뛰기 45
제임스 네이스미스 121
제트 컨셉트 153
조니 와이즈뮬러 148
조암광물 187
조준기 136
조지 심프슨 14
조흔색 186
존 헨릭스 153
줄리메컵 105
중력 130, 170
중력 가속도(g) 61
중이 49
중추 신경계 69
쥐불놀이 53
지구력 155
지근섬유 26
지방 110
진동수 97
질량 60
쪼개짐 187

창던지기 62
청소골 49
청신경 49
체온 69
초기 발사 속도 130
초음파 157
초음파 가습기 157
최대 속력 19
충격량 47, 87, 92
츠베트 68
층리 188

카본 화살 131
칼 루이스 43
칼슘 110
캐시 프리먼 74
커브 볼 100
컬링 184
코르크 89
쿠어스 필드 80
퀘스트라 107
크라우칭 스타트 13
크로마토그래피 67
크롤 영법 149
클라이마쿨 74

탄성 39, 88
탄성력 39
탄성에너지 128
탄성체 40
탄수화물 110
태권도 141
택견 141
테니스 라켓 139
테스토스테론 66
텔스타 106
토크 94, 161, 165
퇴적암 185
투사각도 125
투포환 57
투피스 볼 118
팀 몽고메리 22

파동 159
파워 존 28
파장 97
패리 오브라이언 58
패블 189
페어웨이 113
편리 188
평균 대기압 48
평균 속력 19
평영 151
포모션 74
포물선 운동 44, 130
포크 볼 100
플라톤의 입체 106
피에르 드 쿠베르탱 34

하이 다이빙 160
합력 134
항력 149
해머던지기 52
해발 고도 48
헤드 112
현무암 185
호르몬 66
호르몬 66
호베르투 카를루스 107
화강암 184
화살 깃 133, 138
화석 188
화성암 185
황영조 25
회전 반경 60
회전 속도 60
회전운동 46
훅의 법칙 41
흑요석 187
히치 킥 자세 45
힘의 합성 134

ATP(아데노신3인산) 26
hPa(헥토 파스칼) 49
km/h 23
m/s 22

스포츠 속에 과학이 쏙쏙!!

지은이 • 손영운, 김은선
펴낸이 • 조 승 식
펴낸곳 • 도서출판 이치 SCIENCE
등록 • 제9-128호
주소 • 01043 서울시 강북구 한천로 153길 17
www.bookshill.com
E-mail • bookshill@bookshill.com
전화 • 02-994-0583
팩스 • 02-994-0073

2006년 1월 15일 제1판 1쇄 발행
2021년 5월 15일 제1판 16쇄 발행

값 12,000원

ISBN 978-89-98007-43-0
ISBN 978-89-91215-08-5(세트)

* 잘못된 책은 구입하신 서점에서 바꿔드립니다.

이 도서는 북스힐에서 기획하여 도서출판 이치에서
출판된 책으로 도서출판 북스힐에서 공급합니다.
도서공급처 : (주)도서출판 북스힐
01043 서울시 강북구 한천로 153길 17
전화 • 02-994-0071, 팩스 • 02-994-0073